環境を守る森をしらべる

原田　洋・鈴木伸一・林　寿則・
目黒伸一・吉野知明 著

東京都 浜離宮 恩賜庭園のタブノキ林

海青社

❶ 環境を守る森（環境保全林）

▲ 企業の構内に植栽された環境保全林（袖ケ浦市）

▲ 大学構内に植栽された環境保全林（横浜市）

❷ 環境保全林を構成する主な樹種

▲ アラカシ（左）とシラカシ（右）

▲ スダジイ（左）とタブノキ（右）

▲ ホルトノキ（左）とモチノキ（右）

❸ 環境を守る森をつくる

▲市民参加による植樹祭

▲様々な樹種のポット苗

❹ 常緑広葉樹林域に造成された環境保全林

◀ 植樹前の切土法面（越前市）

▶ 植樹 1 年後

◀ 植樹 14 年後（樹高 8～9 m、アカガシ、ウラジロガシ、シラカシなど）

❺ 落葉広葉樹林域に造成された環境保全林

◀ 植樹 1 年後(神奈川県箱根町)

▶ 植樹 5 年後

◀ 植樹 13 年後(樹高 4〜9 m、ヤマザクラ、ヤマボウシ、ヒメシャラ、ブナなど)

⑥ 環境保全林内に侵入した生物（植物・きのこ）

▲ギンラン

▲キンラン

▲ムラサキシメジ（左）とノウタケ（右）

▲マンネンタケ（左）とスッポンタケ（右）

❼ 環境保全林内に侵入した生物（爬虫類・鳥類・哺乳類・昆虫類）

▲ 植樹４年後に見られたカメレオン（ケニア）と植樹２年後に観察された鳥類の営巣（ケニア）

▲ 植樹５年後に見られたハチの巣（カンボジア）とシカの糞（神奈川県箱根町）

▲ カマキリの卵塊（富士市）とカミキリムシ（富士市）

❽ 環境保全林を測る（1）

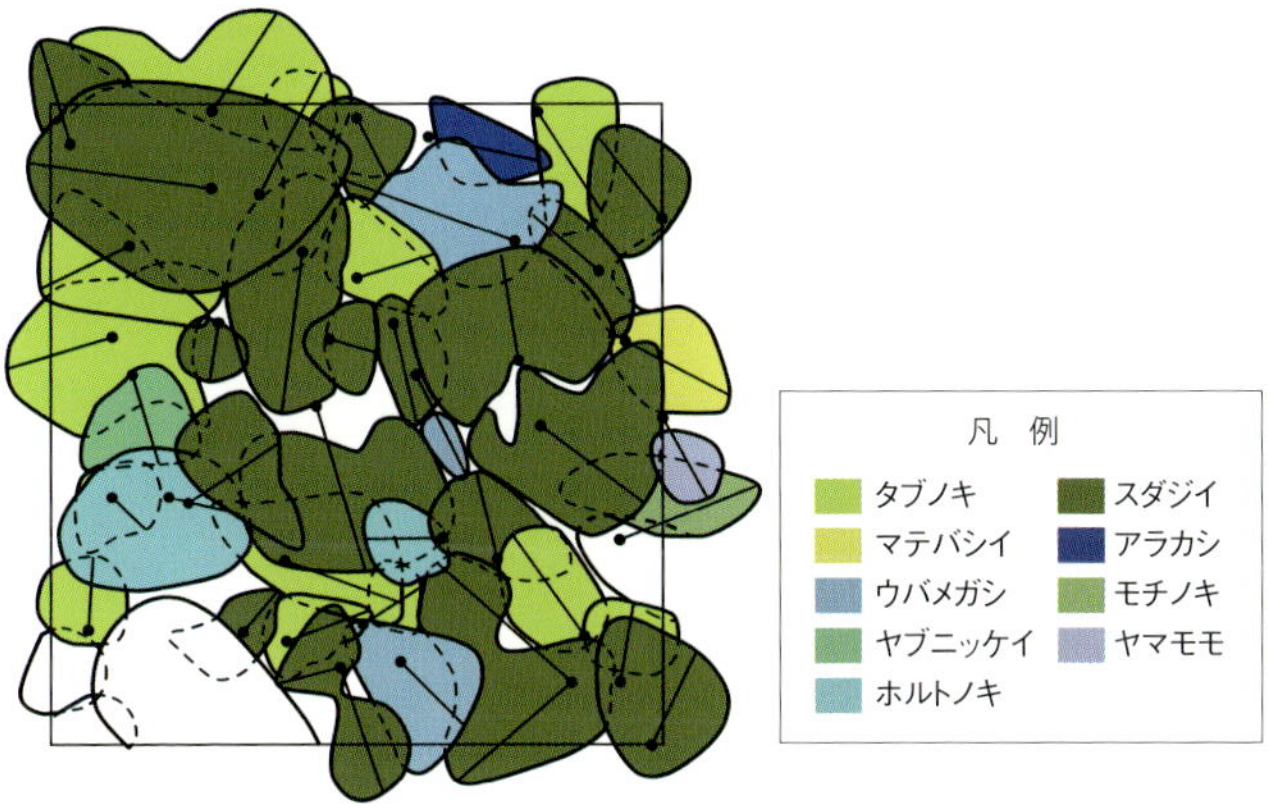

▲ 樹冠投影図（北村知洋氏 原図）

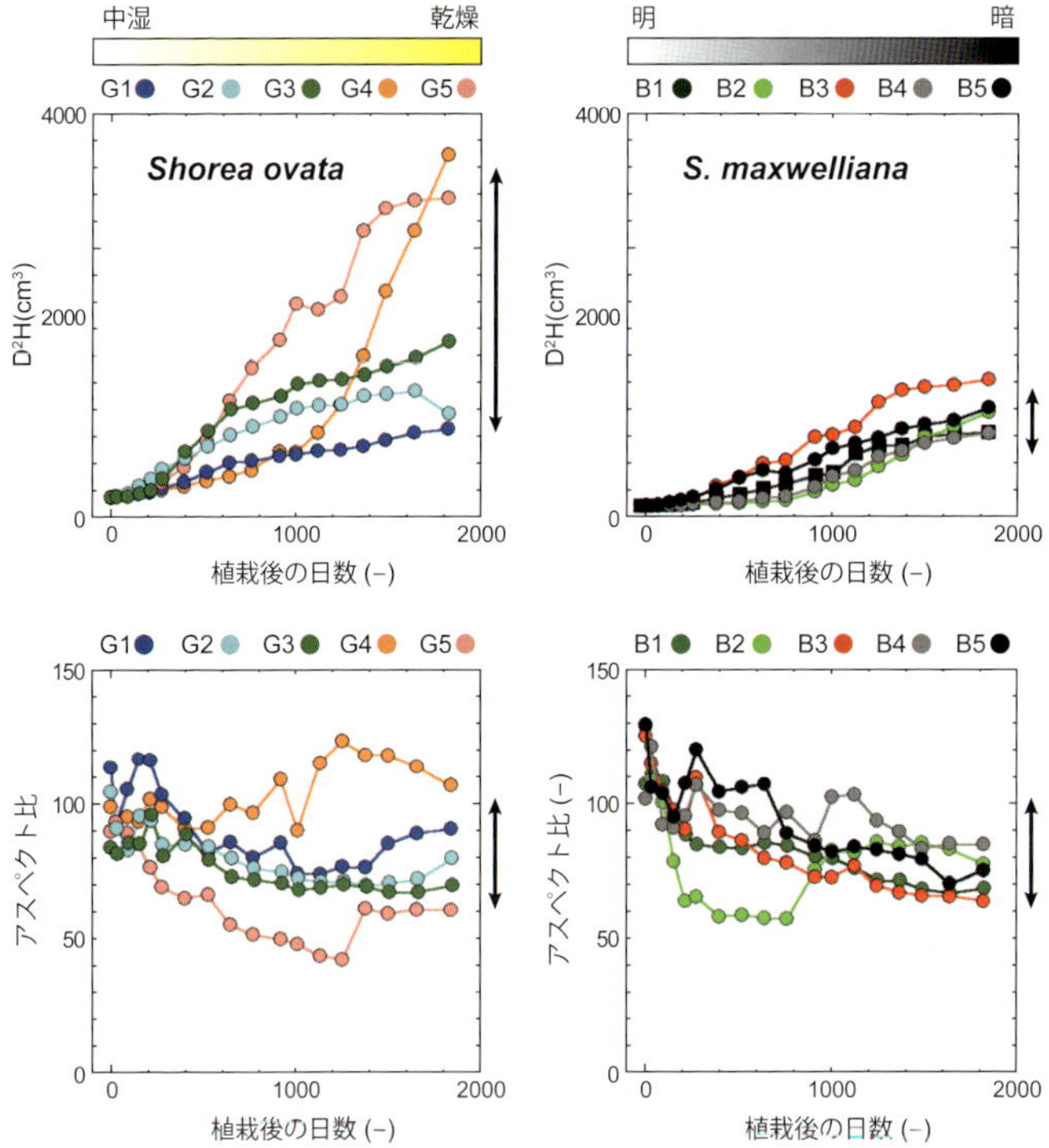

▲ 経過日数と材積指数 D^2H の関係（マレーシア・ボルネオ）（Meguro & Miyawaki, 2001）

❾ 環境保全林を測る（2）

▲ 地表付近で伐採したホルトノキの萌芽枝

▲ 高さ２ｍの位置で伐採したタブノキの萌芽枝

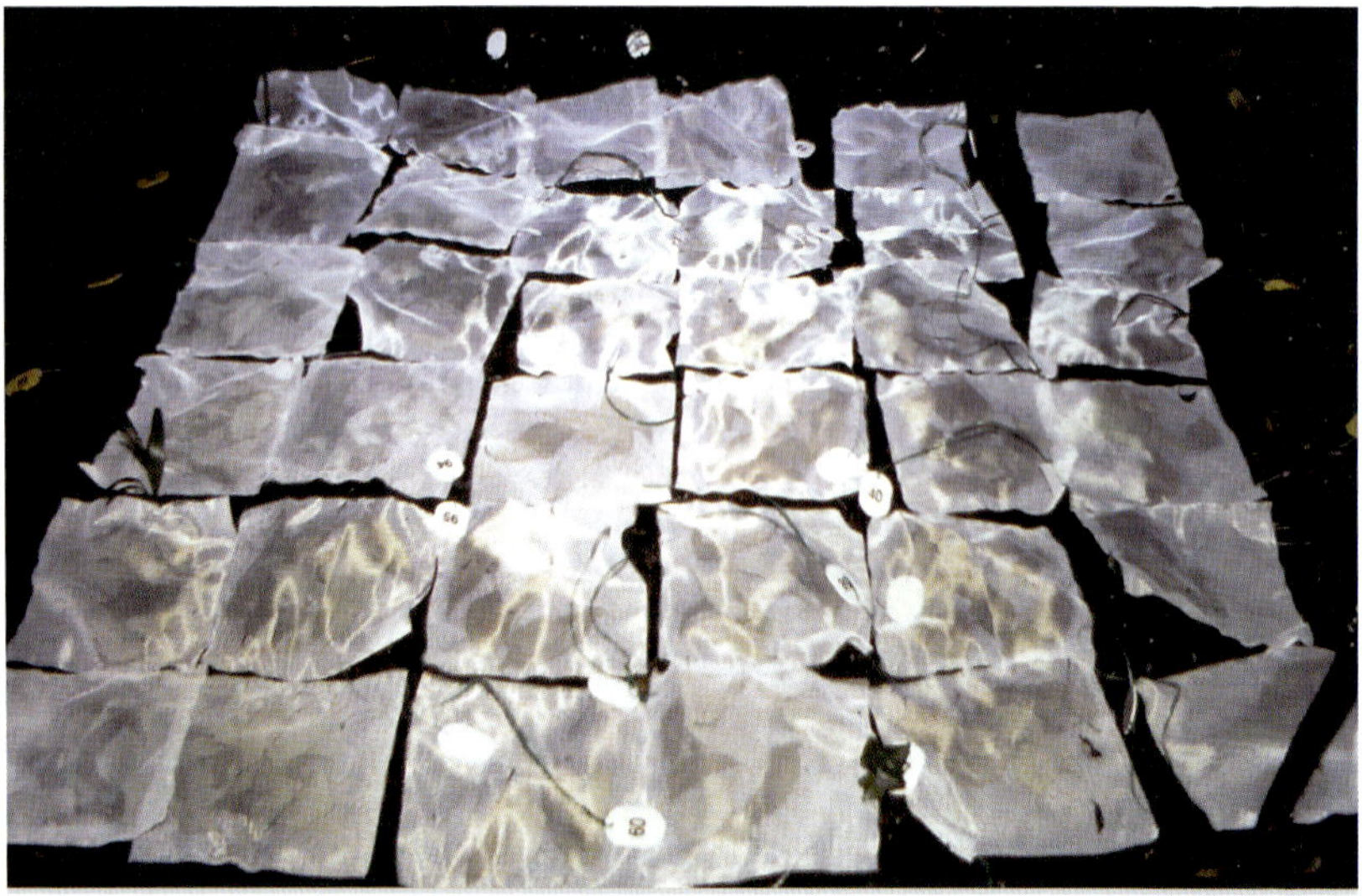

▲ 林床に設置したリターバッグ

⑩ 環境保全林を測る（3）

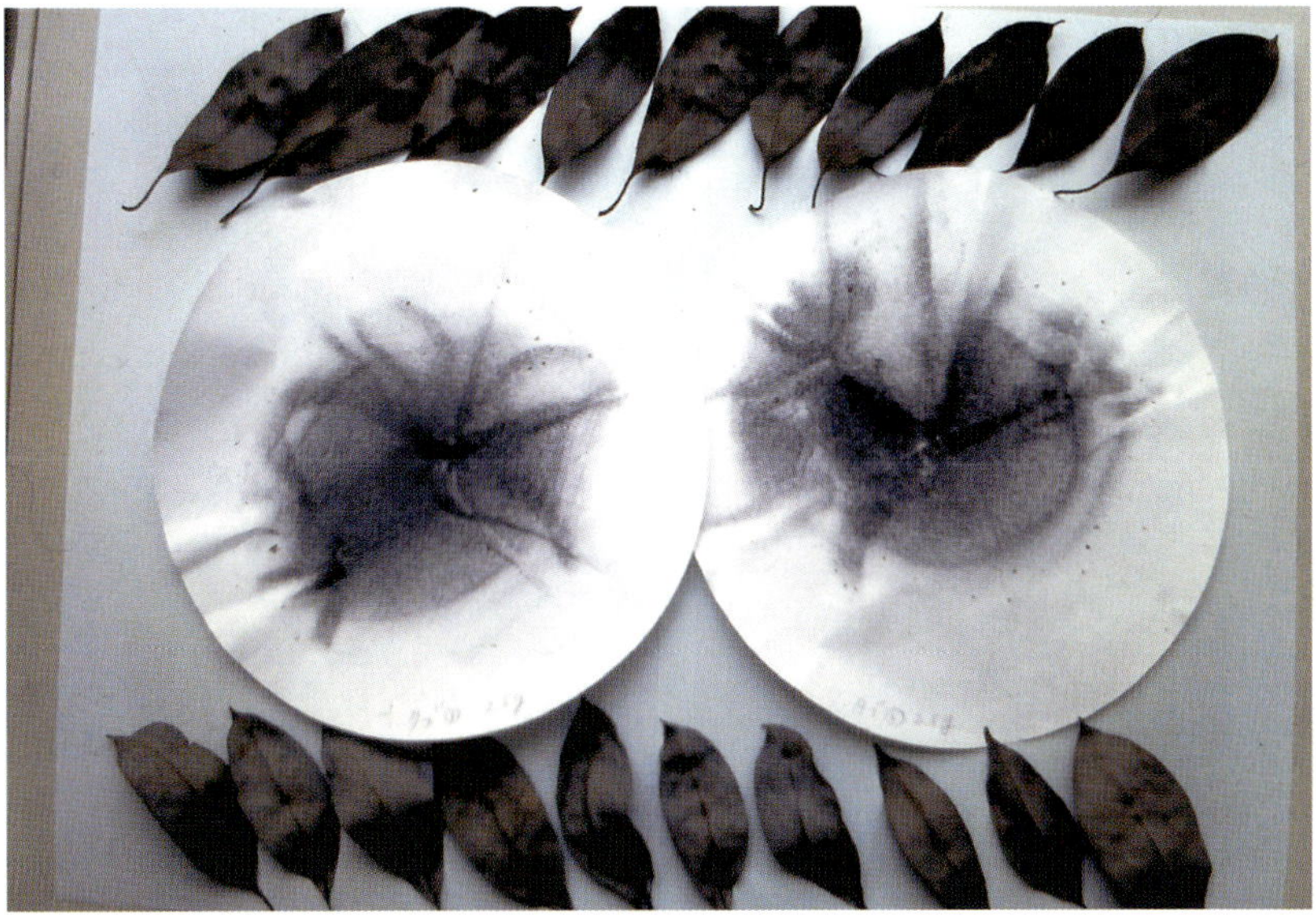

▲葉に付着した煤塵量

◀樹木の遮熱機能をしらべるための実験

⑪ 鳥類と土壌動物から環境保全林を評価する

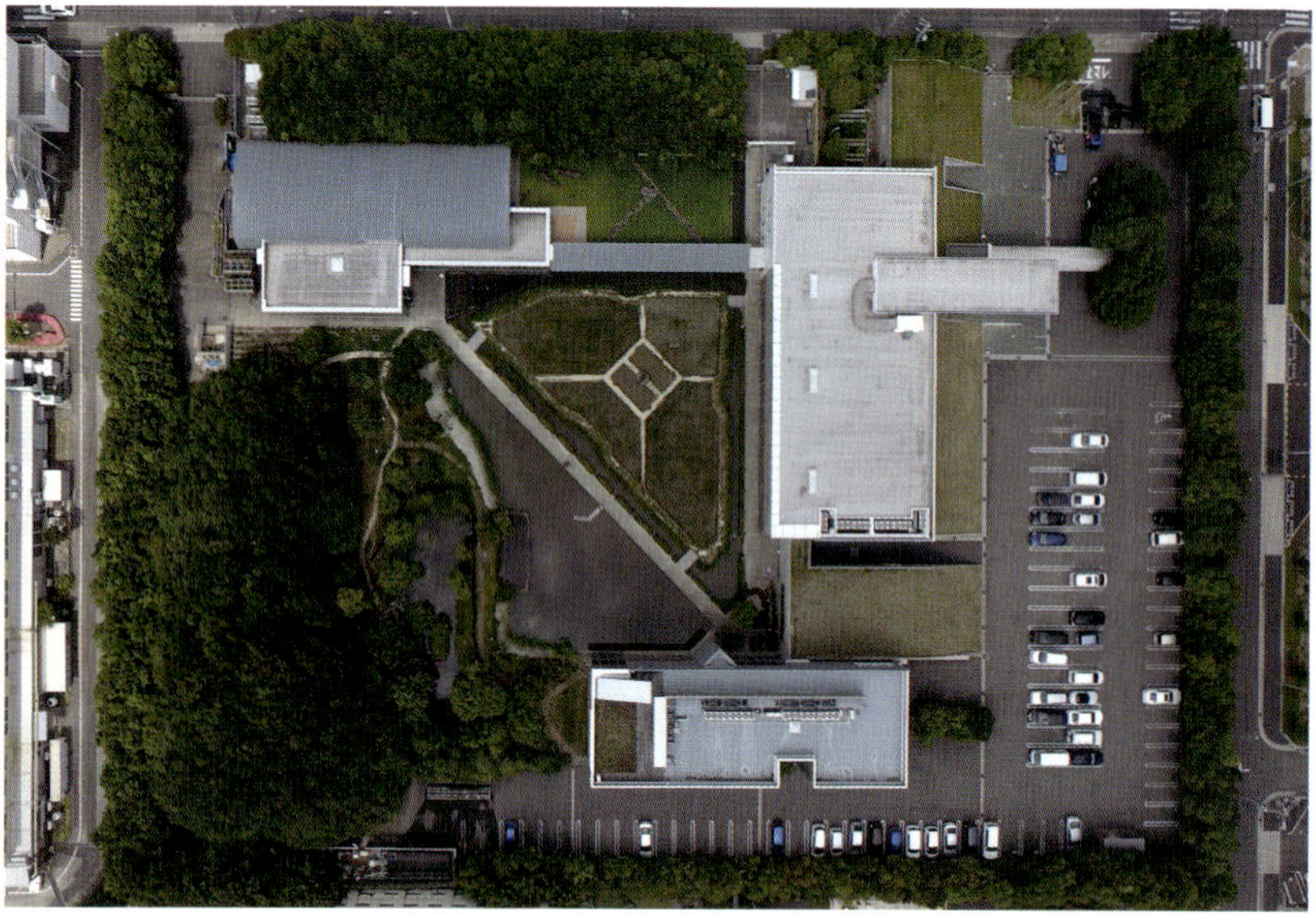

▲ 鳥類調査を実施した環境保全林（名古屋市）

▲ 点数評価に使用されている土壌動物
上左．ダニ、　上中．トビムシ、上右．カニムシ
下左．アザミウマ、下中．陸貝、　下右．オオムカデ

まえがき

研修会や講演会で環境保全林（環境を守る森）についての講師を頼まれることがしばしばある。私の担当する講義は「環境保全林のつくりとはたらき」というものである。このような会によく参加される方がいる。各地で行われている植樹祭にもよく参加され、環境保全林の意義、樹種の選定、ポット苗の利用、植樹方法などもよく御存じで、植樹指導もされているようである。講習を受けるだけでなく、自分で「環境保全林」を調べてみてはどうですか、と声をかけたことがある。しばらくして連絡があり、植栽は何度か経験したことがあるので方法は理解できるが、植栽後は何をどのように調べればよいのか分からないとの返事である。

確かに選定されたポット苗を一定の方法に基づいて植栽した後は、雑草の除去などの管理についての説明はあるが、時間の経過とともに目標とする鎮守の森にどれくらい近づいているかを調べる方法については書いてあるものはない。少し長い目でみた自然への復元状況を専門外の人たちが測定できる尺度が必要ではないかと思い、このような本を作成することとした。

調査の過程はできるだけ単純にし、目標である鎮守の森との隔たり具合、すなわち自然復元を判定できるようにしてある。環境保全林も1970年代に造成されたものはすでに40年の歳月が経過している。初期のころに期待された樹林の生長具合とそれにともなう環境保全機能については十分に発揮されている。次の目標は環境保全林の遷移段階を知ることである。いいかえれば、潜在自然植生が顕在化している鎮守の森に、環境保全林の構造や種組成がどれくらい近づいたかを評価することである。

このような試みはほとんどなされてこなかった。環境目標である地域の自然林（鎮守の森）に近づいている様子が分かることは、環境保全林の造成に関わった方々には励みとなり、次の植樹への意欲となることと思われる。

著者の中には鳥や土壌動物によって環境保全林の自然回復過程を評価しようと努力してきたものもいる。このような面がさらに発展することは著者らにとって喜ばしいことである。

本書は「環境を守る森をつくる」（海青社）の姉妹編である。両者により「環境を守る森」の理解がより深まることが期待される。

環境を守る森をしらべる ―― 目次

●コラム

温暖な気候域に位置する関東地方以西の平地部では、ほとんどの地域では常緑広葉樹林（照葉樹林）が成立する。常緑広葉樹林は1年中青々とした緑の葉に覆われた樹林である。日本の常緑広葉樹は、ツバキの葉で代表されるように葉に照りがあるところから照葉樹とも呼ばれる。この樹林ができるためには、伐採、落ち葉かき、火入れ、耕作、踏圧などの人為的な影響を一切排除する必要がある（宮脇編１９７７）。長い時間を要するが、人手さえ加えなければ自然に常緑広葉樹の森はできあがる。

もう少し細かく見ると、関東地方なら沿岸部の急傾斜地や尾根部の土壌が浅く、乾燥しているところではスダジイ林が、斜面下部から沖積地にかけての適潤な土壌が厚く堆積しているところではタブノキ林が成立する。内陸部の関東ローム地ではシラカシ、アラカシ、ウラジロガシなどのカシ類が主体となる常緑広葉樹林となる。

このような常緑広葉樹の自然林を将来の到達目標として、１９７０年代より、産業立地、道路沿い、ニュータウンなどを対象に植樹活動が各地で行われてきた。今日では大きな工場の外周部には幅50メートルにもわたり、こんもりとした樹林が形成されているところもある。これらの樹林は「環境保全林」の名で呼ばれている。環境保全林という名の提唱者であり、実際に森づくりを指導されているのが横浜国立大学名誉教授の宮脇昭先生である。先生は、2011年の東日本大震災で津波被害にあった地域において環境保全林方式の防潮林形成のための植樹活動にも取り組まれており、環境保全林は命を守る森の形成へと新たな方向に広がっている。

今日の都市部の森づくりには、生物多様性を高める、私たちの生活にうるおいや安らぎを与える、生活環境を保全する、デザイン性がよいといった要求があり、その機能に応じて、選択される樹種構成、使用する苗木のサイズ、配植計画、維持管理方針なども多様化しつつある。本書において「環境を守る森」とは1970年代より一貫して取り組まれてきており、調査データも得られている環境保全林を中心に説明していることをお断りしておきたい。

環境保全林の造成には、通常種子から育てた2~3年生の、高さ50㎝くらいの根群が発達したポット苗を用いる。これを平方メートルあたり2~3本の割合で、線上ではなくランダムに混植するというのが特徴である。ランダムに植えるのは、生え方をより自然林の樹木の並びに近づけるためである。その土地に応じたさまざまな樹種を植えるが、主体は将来大きくなる素質（潜在能力）をもった高木種である。日本の暖温帯域（関東地方以西の平野部）では常緑広葉樹のスダジイ、タブノキ、カシ類が該当する。1970~80年代には高木になる樹種5種くらいが植栽されていたが、1990年代以降では亜高木や低木も含め30種以上が植えられている。低温で常緑広葉樹が育たない冷温帯域（東北地方や高標高地）では、落葉広葉樹のブナ、ミズナラ、カエデ類などが主体となっている。大事なこ

写真 序.1　植栽後40年を経過した照葉樹環境保全林（横浜市）

とはその地域に生育している自然林の構成種を植栽することである。最近では植栽対象地域に自生している多くの樹種のポット苗が栽培されるようになり、植栽地の環境条件に適したさまざまな樹種を使用することが可能になってきている。植栽後には土壌水分の蒸発や土壌流出を防ぎ、雑草の生育を抑え、防寒の役割もある稲わらを敷きつめる。これら植樹の意義や経緯、土作りを含めたより詳細な植栽手法、具体的な植栽事例については宮脇（２００５、２００６など）の著書を参照願いたい。

植栽後15年以上を経過した環境保全林では、枝葉が密に茂り防火、防塵や防音などの遮断効果、気温の緩和効果などの環境保全効果が発揮されている。40年を経過した樹林では樹高20ｍ、胸高直径35㎝以上に発達し、地域でも目を引くような環境保全林もある。これらが環境保全機能のほかに地域の自然性の目標となるような樹林になることを望みたい。

●コラム1　環境保全林のモデル？

明治神宮の森は、全国から献木を募って植えられたものであることはよく知られている。植栽を指導した本多静六の造苑理念は、「永遠《とわ》の杜《もり》」であり、そのため献木樹種の条件は、現地の気候風土に適合し、完全な成長を遂げられるものとされた。これはまさに、潜在自然植生を規範とする環境保全林の理念にも共通するものであり、明治神宮の森が環境保全林のモデルといっても過言ではないかもしれない。

実は造苑された「鎮守の森(社叢林)」は、全国各地に存在する。古いものでは1907年植栽の宮崎神宮、1941年植栽の奈良県橿原神宮や静岡縣護国神社(静岡神宮)、1942年の奈良縣護国神社などがある。これらは現在ではいずれも立派な常緑広葉樹林となっている。

東京都港区にある浜離宮は、河口を埋め立てて1654年に造営され、タブノキを中心とした多数の樹木が植栽されている。現在ではそれらの形成するタブノキ林は、自然植生のイノデ－タブノキ群集と種組成的にも大差ないことが指摘されている(宮脇ほか1975)。

また、東京都深川岩崎氏別邸(現在の清澄庭園)の樹林のように、関東大震災の火災から多くの人々の命を守った森もある。このような「樹林」は、普段は一般の人々の立ち入りはできなかったかも知れないが、緊急時には「環境保全林」としての役割を果たしてきた。現在の環境保全林は、上述のような先人たちが育んできた、森づくりの基本理念を受け継いでいると評価できるのではないだろうか。

100年前に植栽された明治神宮の森

第1章　環境保全林の植物相

1　環境保全林の発達と植物相

(1) 環境保全林の植物相とは

環境保全林の形成とは、一言でいえば植栽しようとする場所本来の自然林の再生である。ここでいう自然林とは、林学などで使われている天然林とは多少異なり、植生遷移(時間の経過にともなう植生の発達過程。単に遷移ともいう)における最終ステージであるもっとも発達した状態、すなわち極相林のことを指している。

最近、関東以西の暖温帯の常緑広葉樹林域では、落葉広葉樹林の里山が常緑広葉樹林に変化している様子が各地で観察される。これまで人為的管理によって維持されてきたコナラ林、アカマツ林などの二次林(雑木林、里山林)が管理の停止や粗放化あるいは松枯れなどによって高木層の構成種が衰退し、それらに代わって、それまで林内に生育していたシイ類やカシ類、タブノキ、モチノキなど極相林構成種の実生(種子から発芽した幼植物)が急速に生長、樹林化しはじめている。

しかし、環境保全林はこのような自然の営みの結果成立した再生自然林とは異なり、人間によって植栽された植林であり、限りなく自然林に近似させた人工林である。したがって、環境保全林の植物相を論じる場合、環境保全林は工場などの施設構内、市街地の公園あるいは造成地など、本来の植生が失われ、裸地に近い場所に植栽されることが通常であるため、植栽された植物が基本的な植物相としての出発点となることが前提となる。

(2) 潜在自然植生

現在私たちのまわりにみられる植生を現存植生というが、その大部分は、自然の状態のまま残された自然植生ではなく、人間の土地利用によるさまざまな影響を受けて破壊されたあとに成立した、二次植生とも呼ばれる代償植生である。では、もしもこれら全ての人為的影響が停止されたとしたら、そこにはどのような自然植生が成立するのだろうか。このように想定した時に、現在の土地の条件から理論的に成立が考えられる自然植生を潜在自然植生いう(チュクセン1956)。

本章で定義している環境保全林とは、潜在自然植生が顕在化された植栽林である。遷移が進行すると植生だけでなく土壌も変化するので、ここでは時間の経過は考えない。換言すれば、自然植生を尺度として現在の立地を評価したものとも言える。例えば自然林が失われていてもよく発達した森林土壌が残されている場所では、過去からの気候条件がほとんど変わらなければ、現在の潜在自然植生は過去の自然植生とほぼ一致する。しかし、土地の大規模改変によって地形が改変され表層土も失われていれば、その場所の潜在自然植生は、過去の自然植生とは樹高や群落構造、種組成などが異なった別の種類の植生が成立すると考えられる。

(3) 環境保全林の植栽適正種の選定

　このように環境保全林は、植栽した潜在自然植生の構成種と、植栽地が位置する地域に自生する植物が基本的な植物相を構成している。自生植物の中には、広域的に分布している種から特定の地域にしか見られないものまで、種によって地理的な分布域が異なっている。このような植物の地理的分布特性から植物の分布を地域的にまとめたものを植物区系といい、日本の植物区系は前川（1949）をはじめとするいくつかの見解がある。前川は日本の植物区系を9地区に区分しているが、その後の研究者の見解では概ねそれに準じて7～8地区に区分している。例をあげると河野（1977）は以下のように区分している（朝鮮地区を除く）。

　a：北海道地区（渡島半島北部以東）、b：日本海地区（中国山地以北の日本海側多雪地域）、c：関東ムツ地区（関東以北から青森県の太平洋側地域）、d：フォッサマグナ地区（長野県中部から山梨県、富士箱根地域、伊豆半島から伊豆諸島を含む地域）、e：小笠原地域（フォッサマグナ地域の南に隣接する小笠原諸島）、f：ソハヤキ地区（静岡県西部から紀伊半島、四国、九州および瀬戸内海岸地域）、g：琉球地区（奄美諸島以南から西表・与那国島までの南西諸島全域）。

　植物区系は、地史や気候要因などを反映した植物地理学的区分であり、その区系区特有の種や同じ種でも区系区により系統が異なる植物が知られ、最近では樹種の遺伝子的特性にも配慮することが求められている。例えば、ブナは日本海側と太平洋側とでは種のレベルでは同じとされていても、遺伝子が異なっている。核ＤＮＡや葉緑体ＤＮＡ、ミトコンドリアＤＮＡの遺伝子レベルでの差異についても、保全生物学的な遺伝子撹乱防止の観点から、植栽樹種の選定基準として求められるようになってきており、種苗の移動に関する遺伝的ガイドラインも作成されはじめている（森林総合研究所２０１１、津村・陶山２０１５）。そのため、環境保全林の植栽に際しては、植栽地域の植物区系内に自生している植物個体から育成された苗木を用いることが求められる。

また、植物区系だけではなく、海抜高度や緯度にともなう気温の変化やそれに対応した垂直分布、水平分布などの植生帯の違い、あるいは地形、地質、土壌などの立地的諸条件も考慮しなければならない。植栽する場所の標高により自生する樹種は異なり、尾根、平坦地、谷状地などの地形条件、水分条件によって成立する潜在自然植生の植生単位も異なっている。例えば関東地方南部では、同じ地域でも乾燥しやすい丘陵地にはヤブコウジ―スダジイ群集、湿性な渓谷沿いにはイロハモミジ―ケヤキ群集が成立し、両者の相観と構成種は互いに大きく異なっている。

以上のような諸条件に関しての基準を満たしている樹種が植栽適正樹種として認められるわけであるが、さらに植栽場所の潜在自然植生の種類に応じて、より細かく植栽適正樹種が選定され、それらの植栽用樹種の育苗が行われる（**表１・１**）。このようにして選定され、植栽された樹種群がその環境保全林の有する最初の基本植物相となる。

(4) 環境保全林の植物相の特徴

保全林の植物相の形成は、植栽された苗木の樹種からはじまる。いわば最初の基本植物相ともいうべき植栽苗は、環境保全林植栽が行われはじめた１９７０年代当時と現在とでは、種類や種数が異

表 1.1　潜在自然植生に基づいた植栽適性種の一例
（国際生態学センター編 2001 より一部変更）

a）イノデ—タブノキ群集

高木層	タブノキ、スダジイ、クロガネモチ、モチノキ、ヤマモモ、ホルトノキ、ケヤキ
亜高木層	シロダモ、ヤブニッケイ、ヤブツバキ、カクレミノ、ヒメユズリハ
低木層	アオキ、ネズミモチ、ヤツデ、トベラ、シュロ、マサキ、ツルグミ、オオバグミ
草本層	イノデ、アスカイノデ、アイアスカイノデ、オニヤブソテツ、リョウメンシダ、ベニシダ、ヤブラン、ナガバジャノヒゲ、オオバジャノヒゲ、キチジョウソウ、フウトウカズラ

b）ヤブコウジ—スダジイ群集およびホソバカナワラビ—スダジイ群集

高木層	スダジイ、アカガシ、ツクバネガシ、ウラジロガシ、タブノキ、モチノキ、ヤマモモ、シラカシ
亜高木層	ヤマモモ、シロダモ、ヤブニッケイ、ヤブツバキ、カクレミノ、ヒサカキ
低木層	アオキ、ネズミモチ、ヤツデ、トベラ、シュロ、マサキ
草本層	ヤブコウジ、テイカカズラ、キヅタ、ヤマイタチシダ、コバノカナワラビ、ベニシダ、ヤブラン、ナガバジャノヒゲ、オオバジャノヒゲ、ツワブキ

なっている。1976年に植栽された横浜国立大学キャンパスを見ると、タブノキ、アラカシ、シラカシおよびスダジイのほか、潜在自然植生構成種ではないクスノキを含め5種に過ぎない（藤間ほか1994）。一方、現在行われている環境保全林の植栽は、高木に発達する樹種のみならず生長しても低木でとどまる樹種まで30～40種もの多様な潜在自然植生の構成種が植えられるようになってきており、形成初期段階の基本植物相は、環境保全林形成の技術や理論の進歩にともなって

増加してきている。

このような基本植物相は、植栽された幼苗が生長し、樹林として発達してゆく過程で徐々に変化してゆく。環境保全林の発達過程は、一般的な時間の経過にともなう植生変化すなわち植生遷移と同様に、植栽苗の生長および周辺からの植物の侵入による遷移の進行にともなって、新たな構成種の侵入、定着、さらなる種の侵入と既存種の衰退を繰り返しながら極相林に向かってゆく。環境保全林植栽の特徴は多種類の苗の密植である。幼苗をより高密度に植栽することによって風や低温などの外部からの不利な環境圧を緩和させるとともに、光合成に必要な上空の光を求める個体間競争を利用して苗木の早期生長を促す。したがって、生長にともなって枯死する苗木が出てくるが、多くの種類を多数植栽してあるため、その後の環境保全林形成にかかわる遷移そのものへの影響はほとんどないと考えられる。時間の経過とともに植栽された自然林の構成種を中心に生長し、極相状態（正しくは植栽のため、自然林のような極相とは異なるが）に達すると推測される。しかし、具体的にどれくらいの期間で「極相」に達するのかは、まだ明らかにされていない。初期のものでも1970年代に植栽された、わずか40年ほどが経過したものに過ぎないため、今後何十年間にわたるモニタリングによって明らかにしなければならない課題である。

環境保全林の植物相発達に係る遷移の進行過程は、植栽地の環境条件によっても異なり、周辺に潜在自然植生の構成種を持つ植生や母樹の生育の有無や量、距離などによっても発達の過程や構成種数は異なってくることが予想される。

(5) 潜在自然植生構成種導入に際しての問題点

潜在自然植生の判定は、周辺植生に関して得られる最大限の植生情報をもとに行われ、その地域の自生種を中心とした自然林に限りなく近い植生としての環境保全林の形成のための不可欠な作業である。しかし一方、植生単位の判定を誤ると、分布域の異なる自生種以外の種を導入してしまうことにもなる。その種の繁殖力にもよるが、周辺に分布が拡大し、生態系を撹乱することが懸念される。

しかし、潜在自然植生の判定に問題はなくても、導入樹種の苗木の同定に誤りがある場合も同様である。植栽に用いる幼苗は、樹種の指定に基づいてポット苗の生産業者が圃場で生産した苗木が提供される。樹種の同定は基本的には生産業者に任されているが、造園樹木を多く扱っている生産業者の中には、厳密な種のレベルで区別せずに、実際には違う種であるがその近縁種あるいは形態的に類似した種を一括りにして同じ仲間として扱うことがある。例えば、ネズミモチとトウネズミモチ（外来種）、ヒイラギとヒイラギモチ（園芸種）、ムラサキシキブとコムラサキ（別種だが造園樹木として日本庭園などでよく用いられる）などである。また、同定間違いではないが、斑入りのアオキのようにその種の園芸品種が混入することもあるので、注意が必要である。

また、シラカシ群集といわれるシラカシ優占林は、関東平野などでは潜在自然植生として扱われ、自然植生としても認められている（宮脇・大場 １９６６）。しかし、シラカシ自体が有用材であるとともに防風のための高垣や屋敷林としてよく利用されることから、二次的に広がった植生として自然林ではないとする見解もある（服部ほか ２０１２）。また、シラカシ群集の識別種とされている、チャノキ、ナンテン、シュロは、最近では古い時代に中国から導入された植物とされており、これらの種の利用にあたっても考える必要がある。

2　環境保全林の遷移と植物相の変化

(1) 植栽後間もない環境保全林の植物相

植栽直後の環境保全林の植物相は、樹高50㎝前後の幼苗の植栽種だけで、それらが2～4本/㎡（初期のころは2本程度が多かった）の密度で植えられている。植栽後しばらくは明るい開放空間であるため、しばらくすると陽地生の草本類が侵入してくる。植栽基盤の土壌表面には乾燥防止や雑草防除用の稲わらあるいは木材・樹皮破砕チップなどが施されている。ところが、それらが分解され、植栽基盤表面が直射光や外気に直接さらされるようになると、客土用土に含まれていた埋土種子（土壌中にある休眠状態の種子）や周辺からの散布により侵入した種子に由来する雑草が発生するようになる。植栽基盤の用土は盛土にしてしばらく野外に保管されることが多く、そこに雑草類が繁茂し、土壌中に種子が貯蔵される（埋土種子）。このような土壌が客土されると、幼苗植栽後にそれらに由来する草本類が一斉に発芽する。これらの草本類の主な共通種は、シロザ、オオアレチノギク、ヒメムカシヨモギ、ヒメジョオン、アレチマツヨイグサ、オオブタクサ、オオイヌタデ、コセンダングサ、イヌビエ、オオクサキビ、アキノエノコログサなどの大形で高茎の一年草植物のほか、セイタカアワダチソウ、ヨモギなどの多年草が代表的である。これらのいわゆる雑草といわれる草本類は光を好む植物が多く、苗木が樹高5m前後に生長して林冠を形成し、林床が光不足になるにつれて衰退し、林冠がうっ閉するとほとんど見られなくなってゆく。

(2) 樹林形成後の植物相

環境保全林の植栽は1970年代からこれまでに全国約900か所で行われており、それらの一部では植栽後のモニタリングも行われている。モニタリング調査は、樹高や幹直径など樹木の生長に関するものが多く(Miyawaki 1999、目黒 2000)、定期的に植生調査を行って種組成の変化を追跡した研究事例は極めて少ない。また、環境保全林の植物相すなわち種組成が樹林の発達とともにどのように変化してゆくのかに関しても、意外なほど研究が行われていない。ここでは少ない事例の一つとして横浜国立大学構内における環境保全林を取り上げてみたい。

横浜国立大学では、環境保全林の提唱者である宮脇昭名誉教授の指導によって1976年に環境保全林の植栽が行われている。藤間ほか(1994)は、植栽から17年後の1993年に同構内の植生調査を行っている。同論文に掲載されている環境保全林の群落組成表から、既存大径木のイチョウの周りに植えられた場所を除いた11か所を対象として種組成の解析を行った(**表1・2**)。1976年当時の植栽樹種はすべての場所でアラカシ、シラカシ、スダジイ、タブノキおよびクスノキの5種であるが、1993年には各場所の出現種数は10～32種(平均21種)であった。したがって、植物相はすべての場所で17年間に5～27種(平均16種)増加している。

各場所の群落構造は、高さ7～14m、階層構造は3～4層に分化している。3層構造のところでは

表 1.2　横浜国立大学構内に植栽された環境保全林 11 植分の植栽 17 年目(1993 年)の植物相（藤間ほか 1994 より作成）

階層	生活形	高木層 高さ:10～13m 植被率:70～95%	亜高木層 高さ:6～8m 植被率:30～95%	低木層 高さ:1.5～4m 植被率:3～20%	草本層 高さ:0.3～1m 植被率:2～50%
木本	常緑性(植栽)	アラカシ、シラカシ、スダジイ、タブノキ、クスノキ(5種)	アラカシ、シラカシ、スダジイ、タブノキ、クスノキ(5種)		
	常緑性			ネズミモチ、マサキ、ヤブツバキ、ヒサカキ、アオキ、ヤツデ、トベラ、モッコク、トウネズミモチ、タチバナモドキ、シロダモ、アカマツ、アズマネザサ、メダケ(14種)	シュロ、ネズミモチ、マサキ、キヅタ、ヤブツバキ、マンリョウ、アオキ、ヤツデ、トベラ、モッコク、サンゴジュ、マルバシャリンバイ、ナンテン、イヌツゲ、サザンカ(15種)
	落葉性	ミズキ、ヤマザクラ、キブシ		ムクノキ、ケヤキ、ヤマグワ、エノキ、ミズキ、カキノキ(6種)	ハリエンジュ、ムクノキ、ケヤキ、ヤマグワ、エノキ、ミズキ、コブシ、ウワミズザクラ、ガマズミ、クサギ、ナワシロイチゴ、ノイバラ(12種)
草本	常緑性				ジャノヒゲ、ヤブラン、オモト、ナキリスゲ(4種)
	落葉性				ドクダミ、スギナ、ススキ、ツユクサ、イタドリ、アオスゲ、ヨモギ、ヒゴクサ、セイタカアワダチソウ、スイバ、コヌカグサ、ギョウギシバ、ヒメヒオウギズイセン、オニタビラコ、イヌワラビ、ケチヂミザサ(16種)
つる植物	常緑性				キヅタ(1種)
	落葉性			ツルウメモドキ、テリハノイバラ(2種)	トコロ、ツルウメモドキ、ヘクソカズラ、ミツバアケビ、ヤブガラシ、ナツヅタ、アマチャヅル、エビヅル、アケビ、アオツヅラフジ、クズ、スイカズラ、サルトリイバラ、クマヤナギ(14種)

出現種数:10～32(平均 21)
下線を付した種は、本来の自生しない種(外来・導入、分布域外の種)を示す。

最上層が植栽木によって構成され、低木層が1・5～4mである。低木層以下の樹木は植栽後新たに生じたものと考えると、植栽木の各樹種は低木層と草本層に生育していることから、すでに結実して種子生産を行い、それらの実生による更新が行われていると考えられる。それらを除く低木層以下に生育している樹種として、アオキ、ヤツデ、トベラ、モッコク、ネズミモチ、ヒサカキなどの常緑広葉樹が14種、ケヤキ、ヤマグワ、エノキ、ミズキなどの落葉広葉樹6種があげられる。また、タチバナモドキ、トウネズミモチ、サザンカなど庭園や垣根の植栽起源と考えられる種もみられる。

草本層は、常緑植物では植栽木の実生と考えられる個体のほか、シュロ、ネズミモチなど15種を数えるが、サンゴジュ、ナンテンなど周辺の植栽地に由来すると考えられる種も見られる。草本植物ではジャノヒゲ、ヤブランのほか、観葉植物のオモトがあげられる。落葉性の種も多く、ムクノキ、ケヤキ、エノキなど高木種の実生やガマズミ、クサギが見られる。草本ではドクダミ、スギナ、ヨモギのほか、外来種のセイタカアワダチソウ、ヒメヒオウギズイセンなどが生育している。また、トコロ、ヘクソカズラなど林縁性のつる植物も多いのが特徴である。

(3) より古い時代に植栽されたスダジイ林との比較

横浜国立大学常盤台キャンパスは1968年から大学用地として整備され、それ以前はゴルフ場として利用されていた。現在同キャンパスにはスダジイの優占群落が一部に残されているが、このスダジイ林はゴルフ場時代に植栽されたものである。藤間ほか(1994)は、これらは植栽起源ではあるが安定した常緑広葉樹林に発達しており、種組成的に自然林と同じとして、ヤブコウジ―スダジイ群集に同定している。このスダジイ林は6か所で、出現種数40〜45（平均42）、植生高15〜22m（平均17・5m）の4層群落である（**表1・3**）。種組成的には高木層のアカマツをはじめ、エノキ、ミズキ、ガマズミ、ムラサキシキブなどの二次林に多くみられる落葉広葉樹やアカメガシワ、ヒメコウゾ、ヤマノイモ、ヘクソカズラなどの林縁植物のほか、トウネズミモチ、サザンカ、サンゴジュなど外来導入種や自生のない植栽起源の種が混生しており、純粋な自然林とは異なる特徴がみられる。このことについて同論文には、常盤台キャンパスは1910年代までは針葉樹林と広葉樹林の山林であったことが記されており、そのような土地利用の影響の名残がスダジイ林に反映されているものと考えられる。しかし、このスダジイ林は、上述した群落構造と種組成から、植栽樹種が成木となって樹林を形成し、階層構造や種組成が徐々に極相林に近似した状態に生長してきていることが分かる。

植栽された幼苗は、時間の経過とともに生長し環境保全林に発達してゆくが、並行して環境保全林には種子散布等によって周辺から種が侵入し、徐々に構成種が増えてゆくことが予想される。その際に種子、果実など散布体の主な供給源として、近接した距離にあるスダジイ林のような常緑広葉樹林の存在はより効率的な散布体の供給が可能であり、そのような樹林は環境保全林にとってきわめて影響力の大きい母樹の集団として有意義な存在と考えられる。

このスダジイ林は、どのような方法で植栽されたものかは不明であるが、概ね潜在自然植生の主要構成種と判定される樹種を植栽した場合、将来的にどのような種組成や構造をもった樹林に発達してゆくかを推定するための良い実例となっている。

表1.3　横浜国立大学構内に植栽されたスダジイ林6植分の植物相
（藤間ほか 1994 より作成）

階層	生活形	高木層 高さ：15～22 m 植被率：70～90％	亜高木層 高さ：7～12 m 植被率：15～40％	低木層 高さ：2～4 m 植被率：20～70％	草本層 高さ：0.5～1 m 植被率：20～90％
木本	常緑性	スダジイ、タブノキ、アカマツ(3種)	スダジイ、シロダモ、ヒサカキ、シラカシ、サザンカ(5種)	スダジイ、タブノキ、クスノキ、シラカシ、ネズミモチ、マサキ、ヤブツバキ、ヒサカキ、アオキ、ヤツデ、シロダモ、モチノキ、ヤブニッケイ、カクレミノ、チャノキ、シュロ(16種)	スダジイ、タブノキ、クスノキ、シラカシ、ネズミモチ、マサキ、ヤブツバキ、アオキ、ヤツデ、トベラ、ヒイラギ、マンリョウ、イヌツゲ、チャノキ、シュロ、シロダモ、モチノキ、トウネズミモチ、サンゴジュ、ヤブコウジ、イヌガヤ、アズマネザサ(22種)
木本	落葉性	エノキ、ミズキ、ケヤキ、ムクノキ、クヌギ、イイギリ、モミジバフウ、ヒマラヤスギ(8種)	イロハモミジ、エノキ、ミズキ、ケヤキ、ムクノキ、イイギリ、クマノミズキ、ヤマハゼ、ヤマザクラ(9種)	ムクノキ、ケヤキ、エノキ、ミズキ、ヤマグワ、ムラサキシキブ、ガマズミ、カマツカ、ウワミズザクラ、オカウコギ、エゴノキ、マユミ、コマユミ、アカメガシワ、イロハモミジ、ヒメコウゾ、ヤマブキ、コブシ、サワフタギ、イヌビワ(20種)	ケヤキ、クマノミズキ、コブシ、イロハモミジ、ムラサキシキブ、ヤブムラサキ、ガマズミ、ハリギリ、カマツカ、サンショウ、モミジイチゴ(11種)
草本	常緑性				ヤブラン、ジャノヒゲ、ナガバジャノヒゲ、カブダチジャノヒゲ、オオバジャノヒゲ、オモト、シュンラン、ベニシダ、オオイタチシダ、アスカイノデ、ヤマイタチシダ、オオベニシダ、ナキリスゲ(13種)
草本	落葉性				ドクダミ、ハエドクソウ、オニタビラコ、ヌスビトハギ、ウド、タチツボスミレ、ミズヒキ、シオデ、コチヂミザサ、ケチヂミザサ、トボシガラ、ヤマユリ、タチシオデ、ギンラン、ホウチャクソウ、アオスゲ、フユノハナワラビ、ゼンマイ、クマワラビ、イヌワラビ(20種)
つる植物	常緑性		キヅタ(1種)		キヅタ、サネカズラ(2種)
つる植物	落葉性		ナツヅタ(1種)	ヤマノイモ、ナツヅタ(2種)	オニドコロ、ツルウメモドキ、ヘクソカズラ、アマチャヅル、ナツヅタ、ノブドウ、アケビ、アオツヅラフジ、スイカズラ、サルトリイバラ、ノイバラ、フジ(12種)

出現種数：40～45（平均42）
下線を付した種は、本来の自生しない種（外来・導入、分布域外の種）を示す。

(4) 神奈川県横須賀市横須賀明光高校南〜西側斜面の環境保全林

環境保全林の植栽後の生長と種組成の変化について、もう一例を示す。横須賀市にある旧神奈川県立久里浜高校(県立岩戸高校との合併再編により2008年横須賀明光高校に改称)は、基岩(泥岩)が露出した採石場跡地に建設されたため、緑化計画として砕石跡地斜面への植栽を1983年に行い、現在では樹林化した環境保全林が形成されている。表層土が保持されている場合の潜在自然植生は、斜面部はヤブコウジ—スダジイ群集、下部の平坦地はイノデ—タブノキ群集と判定された。しかし、表層土は失われているため、森林土壌としては不十分ではあるが、基岩上に造成残土のローム質土とバーク堆肥を9：1で混合したものを客土して土壌復元し、アラカシ、タブノキ、スダジイを0・8本／㎡の密度で1万5000本が植栽されている。アラカシは横須賀市のヤブコウジ—スダジイ群集自体には少ないが、乾燥した浅土地や岩角地によく耐え、露岩地などの条件の厳しい植栽地に適した樹種として選定されている。国際生態学センター(2001)は、1か所のみではあるが、2000年に植栽地の植生調査を行っている(**表1・4**)。横浜国立大学常盤台キャンパスの環境保全林と同じ植栽後17年が経過した樹林である。

それによると、生長した植栽樹種の樹高は決して高くはないが、植栽された樹種3種はいずれも高さ6mに達し、林冠はほぼ閉鎖している。林内は高さ2mの低木層と0・5mの草本層が認められ階層の分化が生じている。低木層には植栽樹種と共通するアラカシとタブノキがみられるが、これらは植栽された幼苗の生育不良の可能性があるが、新たに実生から生長したものとも考えられる。また、

表1.4　横須賀市久里浜高校の環境保全林の植生調査票
（国際生態学センター編 2001より作成）

調査年月日：2000. 4. 6、方位傾斜：NE45°、標高：10 m、調査面積：80 m²、
高木層（T）の高さと植被率：6 m・95％、低木層（S）の高さと植被率：2 m・10％、
草本層（H）の高さと植被率：0.5 m・10％、出現種数：25 spp.

植栽樹種（高木層）

アラカシT-4・4、タブノキT-3・3、スダジイT-2・2

ヤブツバキクラスの種

アラカシS-1・2、H-+、タブノキS-+・2、H-+、モチノキH-+、シロダモH-+、ヒサカキH-+、ヤツデH-+、トベラH-+、ツルグミH-+、オオバグミH-+、テイカカズラH-1・2、キヅタH-1・1、ビナンカズラH-+、ジャノヒゲH-+、ベニシダH-+・2、アイアスカイノデH-+、ヤブソテツH-+、オオベニシダH-+、ヤマイタチシダH-+

随伴種

ハゼノキT-+、イヌビワS-+・2、H-+・2、ビワH-+、ミツバアケビH-+、ツルマサキH-+、イロハモミジH-+

先駆樹種（遷移初期に侵入する樹木）のイヌビワが見られる。草本層を中心としてモチノキ、シロダモ、ヒサカキ、ヤツデ、トベラなどの常緑広葉樹の実生や、ジャノヒゲ、ベニシダ、アイアスカイノデなどの常緑草本など、出現した25種のうち潜在自然植生のヤブコウジ―スダジイ群集（常緑広葉樹林）構成種は18種に及んでいる。このように、植栽後17年を経て極相の常緑広葉樹林に向かって遷移が進行しており、潜在自然植生構成種による植物相を形成しはじめている。

3　発達した環境保全林とその植物相

(1)　植栽による限りなく自然林に近い樹林の形成

自然植生は何らかの人為的影響を受けると、その営力の大きさや質にしたがって、二次林、二次草原、裸地などの代償植生に後退してゆく。しかし、人為的営力が停止または弱められると再び自然植生、すなわち極相に向かって群落構造や種組成が変化してゆく。こ

のような植生の営みを二次遷移と呼んでいる。二次遷移の進行によって極相林に回復するまでに要する時間は、周辺の環境条件や植生の状態によっても異なるが、数百年かかると考えられる。通常自然での樹林の発達は、遷移の進行にともなって新たな種が侵入し、構成樹種を増やしながらそれらの競争によって徐々に群落階層が生じてゆく。このように植生は長い年月をかけて本来の群落構造と植物相を回復させてゆく。

しかし、環境保全林ではシイ類、カシ類、タブノキなどの高木層形成種だけでなく、ネズミモチ、ヒサカキ、ヤブツバキなど低木や亜高木の樹種も当初から高い密度で混ぜて植え、樹種間の競争を促しながら生長させてゆく。したがって環境保全林は、相観的に極相林と同じ高さの高木林に達した状態で、階層構造の分化した、多くの自然林構成種を持つ樹林が育成される。その生長過程において、植栽種以外に二次遷移により周辺から種が侵入することを考慮すると、人工的に造成された樹林でありながら、通常の二次遷移を経て極相林に達するまでの時間と比較すると、短期間で自然林に近似した植物相と形態をもつ樹林が形成される。このように多くの樹種を植栽して生長、発達した階層構造をもつ環境保全林は、スダジイやブナなど単一の高木層形成種の植栽からなる人工林と比較して、機能面においては限りなく自然林に近い樹林であるといえよう。環境保全林の提唱者である宮脇昭(Miyawaki 1993)は、自然林に近い状態になるまでに要する時間を、暖温帯常緑広葉樹林域で20～30年、熱帯多雨林域で40～50年と推定している。

しかし、このように自然林に近い状態とはいえ、実際には本来の自然林である極相林と比較すると

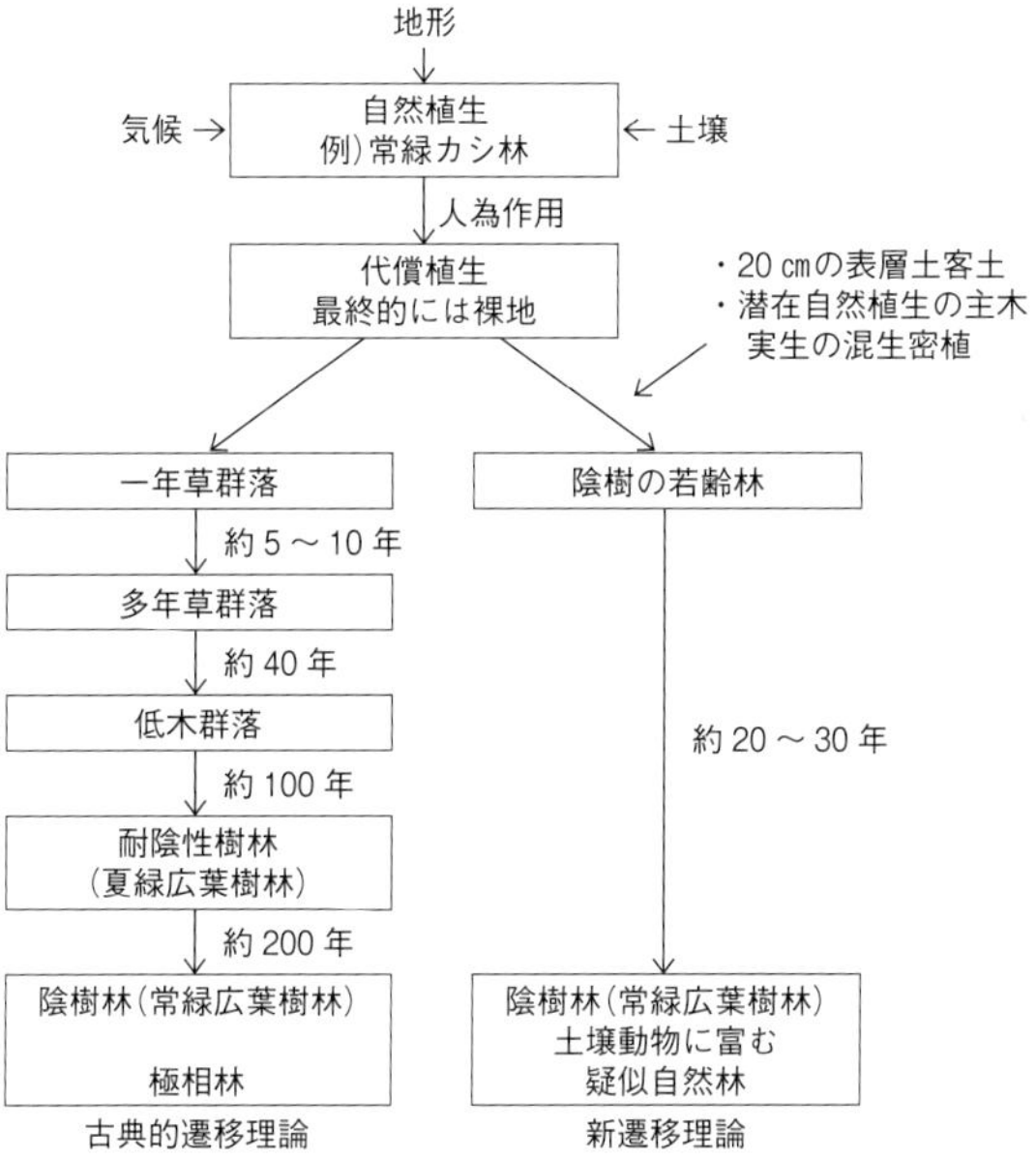

図 1.1　日本の常緑広葉樹林域における環境保全林の新遷移理論と古典的遷移理論の比較（Miyawaki 1993 改変）

様々な点で異なっている。植物相に関しては、植えられた樹種が出発点となっているため、植栽樹種がどのような基準で選定されどのような密度で植栽されたのかが、その後の樹林の生長発達の基本的な条件を与えることとなる。また、これまでの環境保全林植栽では、発達した段階で草本層を構成する、ジャノヒゲ、ヤブラン、ベニシダ、ヤマイタチシダ、ヤブコウジなど草本類は植栽されてこなかった。環境保全林は、植栽樹種が生長し樹冠を覆うにしたがって林内は暗くなり、林床は薄暗く光不足となるため林床植物の生育条件は悪くなる。そのため、ある程度生長した樹林では新たな植物は侵入しにくくなり、草本層の植被率や植物相は自然性の樹林と比較してきわめて貧弱で、新たな構成種の侵入・定着はあまり期待できない状態となっている。

(2) 環境保全林の植栽種の時代的変化

環境保全林植栽がはじめられた当初の植栽樹種は、スダジイ、カシ類、タブノキ、モチノキなど数種に過ぎず、また本来の自生種ではないクスノキが比較的多く用いられることも多かった。これに関しては、当時の苗木の供給体制の問題がある。環境保全林植栽で使われているポット苗あるいはコンテナ苗といわれている、ビニール（ポリ）ポットで育苗された幼苗は、現在では多くの樹種が各地で栽培され、需要に応じて必要数が供給される体制が整えられてきている。しかし、当時はそのような苗木はほとんど普及しておらず、栽培されている樹種の種類や数量も限定されていたため、植えたくても植えられない事情があり、やむを得ないことではあった。

最近では潜在自然植生を詳細に検討し、その構成種の生産を苗木生産業者の方々にお願いして必要な苗木を確保してできるだけ多くの種類を植栽するようになってきている。筆者が携わった2000年以降の例では20～30種以上、多いところでは約40種もの樹種が植えられるようになっている。したがって、環境保全林の植物相は、植栽された時代によって植栽後の発達状況が異なっていると考えられる。また、実際の植栽では、植栽にかけられる費用等の予算的問題や潜在自然植生の判定の精度、植栽計画担当者の考え方、あるいは植栽基盤の質、植栽後の管理など、植栽地の施工に関わる諸条件の違いによって植物相の構成や発達状況が左右される可能性がある。

4　これからの環境保全林とその植物相

(1) 自然植生のもつフロラ構成に戻るのか？

環境保全林の植物相について見てきたが、環境保全林は初期のものでも1970年代に植栽されたもので、現在まで40年余りが経過したに過ぎない。環境保全林の先駆的事例ともいえる明治神宮の森は、1915年の森の造営開始から現在まででほぼ100年あまりが経過したところであるが、相観的にはクスノキ、スダジイ、カシ類などを中心とする、高さ20mをこえる鬱蒼とした樹林を形成している。しかし、植物相に関しては未だにヤブコウジ―スダジイ群集やイノデ―タブノキ群集などの潜在自然植生の完成した植生としての種組成には至っていない（宮脇ほか 1980、奥富ほか 2013）。上述したように環境保全林の草本層の構成種やそれらの被度は著しく貧弱な傾向が強く、このことからも自然植生の持つ植物相にある程度までは近づけることができても、100％同じ状態にすることは容易ではないと考えられる。

環境保全林が限りなく自然林に近い樹林に近づいてゆく過程において、重要な生態系のはたらきの一つが、植物が種子や果実を周辺にまき広げてゆく散布機能である。特に鳥による散布（鳥散布）は、日本の照葉樹林（常緑広葉樹林）構成種の約80％を占めている（中西 1994）ことを考えると、環境保全林の発達過程においても、植栽後の植物の侵入に関する鳥散布の役割は重要である（原田・石川 2014）。

しかし、近年の都市近郊では、ハシブトガラスなど都市域に生息する鳥類が生ごみをあさり、餌として食べたキウイなどの果物類の種子が森林内に散布され、発芽、生長している状態や、トウネズミモチ、ヒイラギナンテン、タチバナモドキなどの外来の導入種や関東地方におけるサザンカ、サンゴジュなどのように、昔から広く庭木や生垣に利用され、外来種ではないがその地域に自生していない植物が散布され生長している事例が観察されることも多くなっている。そのような外来種や園芸的に利用されてきた植物が環境保全林にも侵入、生長し、定着する可能性は十分に考えられる。

(2) 環境保全林と種の保存

都市周辺においては、一部の鎮守の森などの社叢林や公園、緑地などを除くと、自然林はほとんど残されておらず、自然林構成種自体がその地域における貴重種となる場合が想定される。このような地域において、潜在自然植生の理論を用いた環境保全林形成の実践活動は、それらの種を育苗して植栽することによって、その地域から衰退してきている自生種の保全への貢献も期待される。

以上、環境保全林の植物相に関する現状と諸問題について検討した。今後環境保全林形成の実践活動を推進してゆくにあたって、既存の環境保全林のモニタリングによる経過観察の継続と、これまでに得られた知見や技術等をどのように生かしてゆけるかが当面の大きな課題と考えられる。また、近年では自然林の再生ばかりではなく、生物多様性評価とその保全を重視した自然再生が注目され、里山林の再生やその維持管理の研究も重視されるようになってきている。環境保全林においてもそれらに対する検討が求められはじめており、これからの重要な研究課題となっている。

●コラム2　環境保全林と苗木

環境保全林の植栽には、通常ビニール製の直径10.5cmの鉢に入ったポット苗(コンテナ苗)が使われている。このポットで育成された幼苗の使用が、「環境保全林」の森づくりの最大の特徴である。潜在自然植生を判定し、その構成種から植栽適正樹種を選定しても、肝心の苗木がなければ何もはじまらない。

この「ポット苗」であるが、カシ類はドングリから比較的簡単に作れることから、環境教育の面からも普及しはじめ、小中学校などでも栽培しているところがある。小学生でも自分たちの作った苗木で植樹活動ができるのである。ところが、このポット苗づくりに関してはプロが存在する。この苗木生産のプロたちは、カシ類だけでなく植栽適正樹種のほとんどの苗木を生産することができる。プロたちが丹精込めて育成したポット苗は、作ったことのある一般の方々にははなはだ失礼ではあるが、実は一味も二味も違うのである。

ポット苗づくりは、1) 野外での種子(正確には多くの場合果実)を採取し、2) それらを水に浸して選別し、3) 育苗箱に播種し発芽させ、4) 本葉が出たらポットに移植、5) 潅水施肥をしながら3年生で高さ50cm程度に達すれば、一応は植栽可能なポット苗が完成する。

しかし、ここに素人の及ばないプロの技が存在する。用土、育苗環境、施肥、潅水などについてのプロの培った技術や秘訣がある。ポット苗の欠点といわれているものに、根がポット底面で丸くなったまま木質化して固定してしまうサークリング(ルーピング)と呼ばれている現象がある。しかし、これに対しても用土の醸成と潅水等のプロの技術によって防止し、理想的な根の伸長発達を促すことができるのである。また、規模の大きい植樹では数千本以上の苗木を必要とするため、素人では対応できない。このように、環境保全林づくりは市民の方々のご協力に加えて、プロの卓抜した技術により支えられているのである。

●コラム３　鎮守の森に近づくためには

環境保全林の造成時には、将来高木になる潜在力をもつ競争力の等しい樹種を高密度に植栽するため、ほぼ同じ高さに葉群が形成されることになる。そのため亜高木層や低木層には葉層が形成されにくい。垂直方向への葉群の発達が芳しくなく、林内が見通せるような状態となりやすい。これらの課題を解決するため、現在では各階層を形成するさまざまな樹種を植栽するようになった。林冠が形成されてから亜高木や低木になる苗木を補植する方法もあるが、コストもかかるので実施された例は聞かない。

鬱蒼と茂りだした段階で間伐したということは聞いている。伐採すると、根際付近から萌芽し、再生を始めるので、この萌芽枝が順調に生長すれば階層の分化を促進することになり、鎮守の森の階層構造に一歩近づくことができる。萌芽枝は種によって異なり、ホルトノキでは９本前後である（**口絵**⑨参照）。

照葉樹環境保全林の林床は、日光が遮られ暗く、草本植物の生育には適さないし、さらには未分解の照葉樹の落葉が厚く堆積し、草本植物の侵入や定着は一層むずかしい環境となっている。落葉の除去も場所によっては必要となろう。

間伐後に日光が射し込むようになり、落葉の分解も進み、キンランやギンランなどのラン科植物が生育するようになった横浜や川崎の環境保全林もある（**口絵**⑥参照）。補植、間伐、落葉の除去など検討してみる価値はありそうである。

第2章　植生による環境保全林の自然性の評価

1　環境目標となる鎮守の森の姿

環境保全林が目指す将来の目標は、その地域に昔から存続している鎮守の森である。この鎮守の森こそが潜在自然植生が顕在化した見本である。そこで、鎮守の森の様子を具体的に紹介しよう。

写真2・1は静岡県伊豆市にある社叢林である。森の中に入り、上空を見上げると、樹高の高い樹木の枝葉が重なり合って日光を遮断している階層がある。ここを高木層と呼ぶ。高いところは20mにも達している。天空を覆っている樹木の占有割合（植被率）は80％以上となっている。スダジイが優占し、ホルトノキやタブノキなどが混生している。高木層の下の部分を形成している地上10m前後のところにはホルトノキや跡継ぎのスダジイなどが植被率40％で生育している。この第2の層を亜高木層という。高木層や亜高木層を構成している樹種の数は5～6種のことが多い。

地上2～4mの範囲の第3層にも樹木が生育している。この層は低木層と呼ばれ樹種の数は多い。40％くらいの植被率となっている。足元にはさまざまな草本植物が見られる。ここが第4層の草本層である。このように4層の階層に分化していることが一般である。

写真2.1　スダジイを主体とする社叢林（静岡県伊豆市）

このような鎮守の森を環境保全林の到達目標とし、それとの隔たり具合をいろいろな物差しを使って、環境保全林の自然性の回復程度を判定しようとするものである。

2　常緑多年草、シダ植物、つる性常緑木本植物および常緑植物の出現種数による評価

植栽後15年以上を経過した環境保全林の中に入ると、いつも感じることは、草本植物の種類やその量が少ないことである。自然林の中を歩くと、シダ植物が一面に覆っていて歩きにくかったり、常緑のつる性植物が足に絡まったりすることを経験する。それが環境保全林では、落葉がまとわりつく程度で草本植物がジャマだと感じることはまったくない。草本植物が地表を覆っている割合――植被率――は10％に満たないことが多い。なかでも常緑多年草、

表2.1　横浜市とその周辺地域の照葉樹自然林内における常緑多年草の出現状況
表中の数字は出現回数を示す。

地域	横浜市				川崎市		鎌倉市			藤沢市		
植生*	①	②	③	④	①	③	①	②	③	①	②	③
資料数	23	4	15	6	2	36	26	8	2	14	9	12
ヤブラン	10	3	12	4	2	27	23	8	2	12	7	11
ジャノヒゲ**	22	3	14	6	2	31	25	4	1	11	4	12
ナキリスゲ	9	1	5	2	1	4	5	2		4	1	3
オモト	2		2	4		8	4		1		1	4
オオバジャノヒゲ			4	3		16	5	2	1			
シュンラン	3		2	1		14	2		1			
キッコウハグマ			1			6	8	1	1	1		
ツワブキ		1					2	3		6	4	
ヒメカンスゲ			1			12	5	1		1		
キチジョウソウ							2	4	1	3		1
シャガ		1	1				2	1				
その他7種			3	4		21	5					
種数	5	5	11	7	3	11	14	9	7	7	5	5
合計出現回数	46	9	45	24	5	139	88	26	8	38	17	31
地点あたりの種数	2.0	2.3	3.0	4.0	2.5	3.9	3.4	3.3	4.0	2.7	1.9	2.6

*①はスダジイ林、②はタブノキ林、③はシラカシ林、④は横浜国立大学のスダジイ林
**カブダチジャノヒゲを含む。

シダ植物、つる性常緑木本植物の種数や出現頻度の低さは特徴的である。

これらの種類を活用して環境保全林が自然林にどの程度近づいたかを評価できないかを試みた。

横浜市と隣接する川崎市、鎌倉市、藤沢市などに残存するヤブコウジ―スダジイ群集（以下スダジイ林と呼ぶ）、イノデ―タブノキ群集（以下タブノキ林）、シラカシ群集（以下シラカシ林）などの照葉樹自然林の群落組成表（宮脇ほか 1971、1972、1973、1981、藤間ほか 1994）から常緑多年草、シダ植物、つる性常緑木本植物、常緑植物をそれぞれ抽出し、まとめたものが**表2・1**〜**表2・4**である。

(1) 常緑多年草

4地域157地点から出現した常緑多年草はヤブラン、ジャノヒゲ、ナキリスゲ、オモト、オオバジャノヒゲ、シュンラン、キッコウハグマなど18種である。ただし常緑多年草でもシダ植物は別の項目で扱っているので、ここでは除外してある。出現頻度が高い7種のうち4種がユリ科の植物である(**表2・1**)。

なお、ユリ科植物は近年の分類によるといくつかに細分化されているが、ここでは従来の分類体系に基づき一括してユリ科として扱っている。常緑多年草やユリ科植物の種数による比較のほうが簡単明瞭であるが、調査地点数が異なっていることや、地点数の増加に伴い種数が増大する可能性があるので、ここでは地点あたりの出現種数を評価指数としている。

これらの常緑多年草の出現頻度に注目し、地域ごと(横浜市、川崎市、鎌倉市、藤沢市)、植生ごと(スダジイ林、タブノキ林、シラカシ林)に何回出現しているかを算定し、その合計値を調査地点(資料)数で除して、地点あたりの種数を求めている。

例えば、5地点から3種(A~C)の常緑多年草が出現し、さらにA種が5回、B種が4回、C種が3回出現していれば、(5+4+3)÷5=2.4で、地点あたりの種数が求められる。この地点あたりの数値(2・4)が評価点となる。横浜市およびその周辺地域の照葉樹自然林の数値は2~3点台のところが多く、その平均は3・0種である(**表2・1**、**表2・5**参照)。

写真 2.2　常緑多年草のオオバジャノヒゲ

写真 2.3　常緑シダ植物のベニシダ

表2.2　横浜市とその周辺地域の照葉樹自然林内におけるシダ植物の出現状況
表中の数字は出現回数を示す。

地域	横浜市				川崎市		鎌倉市			藤沢市		
植生	①	②	③	④	①	③	①	②	③	①	②	③
資料数	23	4	15	6	2	36	26	8	2	14	9	12
ヤマイタチシダ	14	2	5	1	1	21	17	4	1	3	1	3
ベニシダ	23	4	8	4		30	22	7	2	6	7	8
オオイタチシダ	2	1		2		2	8	2	1	8	5	2
ミゾシダ			2		1	4	7	3	1	2	6	2
ゼンマイ			2	1	1	18			1	1		3
クマワラビ				1		1	6	4	1	1	2	
オクマワラビ		1	2		1	5					1	5
イノデ		2				3	1	6	1		1	
イヌワラビ			5	3		4	1					5
オオバノイノモトソウ							2	3		1	1	1
その他28種	2	6	8	3	2	34	6	8	2	6	12	8
種数	5	9	11	9	6	24	13	11	9	10	13	14
合計出現回数	41	16	32	15	6	122	70	37	10	28	36	37
地点あたりの種数	1.8	4.0	2.1	2.5	3.0	3.4	2.7	4.6	5.0	2.0	4.0	3.1

①はスダジイ林、②はタブノキ林、③はシラカシ林、④は横浜国立大学のスダジイ林

(2) シダ植物

シダ植物は38種が対象となっている。特にヤマイタチシダ、ベニシダ、オオイタチシダ、イノデなどの常緑性のシダ植物の出現頻度が高い（**表2・2**）。シダ植物も常緑多年草と同様に、合計出現回数を調査地点で除した地点あたりの数値を評価値として利用することができる。ここでの平均は3・2種である（**表2・5**参照）。

(3) つる性常緑木本植物

照葉樹自然林からは8種のつる性常緑木本植物が出現し、出現頻度が高いのはキヅタ、サネカズラ、テイカカズラ、ツルグミなどである（**表2・3**）。地点あたりの種数は、1・0〜4・1種、平均2・3種となり、これがつる性常緑木本植物の評価点となる。

表2.3　横浜市とその周辺地域の照葉樹自然林内におけるつる性常緑木本植物の出現状況　表中の数字は出現回数を示す。

地域	横浜市				川崎市		鎌倉市			藤沢市		
植生	①	②	③	④	①	③	①	②	③	①	②	③
資料数	23	4	15	6	2	36	26	8	2	14	9	12
キヅタ	22	3	12	4	1	24	23	6	2	13	8	12
サネカズラ	4	2	11	4	1	7	19	4	1	7	7	2
テイカカズラ	11	2	3				25	7	1	10	6	2
ツルグミ	2	1	2			5	8	3	1	1	1	
ツルマサキ						2	1		1		1	2
マルバグミ							11	3		5	2	
イタビカズラ							20	2		4	3	
フウトウカズラ										3	3	
種数	4	4	4	2	2	4	7	6	5	7	8	4
合計出現回数	39	8	28	8	2	38	107	25	6	43	31	18
地点あたりの種数	1.7	2.0	1.9	1.3	1.0	1.1	4.1	3.1	3.0	3.0	3.4	1.5

①はスダジイ林、②はタブノキ林、③はシラカシ林、④は横浜国立大学構内のスダジイ林

(4) 常緑植物

照葉樹自然林を構成する植物種から常緑植物を抽出し、まとめたのが**表2・4**である。クロマツ、アカマツ、ヒノキ、カヤ、イヌガヤなどの常緑針葉樹とトウネズミモチのような外来種は除外してある。地点あたりの種数は15・6～25・0種、平均19・3種である（**表2・5**参照）。

3　環境保全林の評価

横浜（藤間ほか 1994）と川崎（藤間・岩田 2007）の環境保全林の資料を基に検討してみよう。群落組成表から常緑多年草、シダ植物、つる性常緑木本植物、常緑植物をそれぞれピックアップする（**表2・5**参照）。

横浜の環境保全林は横浜国立大学構内に造成されたクスノキ、タブノキ、シラカシ、アラカシ、スダジイからなる照葉樹林で、調査当時は17年生（9か

表2.4　横浜市とその周辺地域の照葉樹自然林内における常緑植物の出現状況

外来種や針葉樹は除外してある。表中の数字は出現回数を示す。

地域	横浜市				川崎市		鎌倉市			藤沢市		
植生*	①	②	③	④	①	③	①	②	③	①	②	③
資料数	23	4	15	6	2	36	26	8	2	14	9	12
スダジイ	20	2	2	6	1	2	26	6	2	14	6	5
ヤブツバキ	19	4	11	1	2	5	21	6	2	11	8	10
モチノキ	18	3	9	1	1	15	22	6	2	14	6	8
シロダモ	15	4	12	5	2	25	22	8	2	12	8	11
ヒサカキ	17	2	13	6	2	26	24	4	2	10	7	10
ヤツデ	11	3	7	6	2	19	25	6	1	12	5	5
シュロ	17	3	13	6	2	28	16	3	1	7	7	11
ジャノヒゲ**	22	3	14	6	2	31	25	4	2	11	4	12
キヅタ	22	3	12	6	1	24	23	6	2	13	8	12
ヤマイタチシダ	14	2	5	1	1	21	17	4	1	3	1	3
ヤブラン	10	3	12	4	2	27	23	8	1	12	7	11
サネカズラ	4	2	11	4	1	7	19	4	1	7	7	4
アオキ	22	4	12	6		30	26	8	2	13	8	9
ネズミモチ	10		6	4	1	21	18	2	1	9	3	4
ベニシダ	23	4	8	4		30	22	7	2	6	7	8
ヤブコウジ	16	2	9	1	2	30	21		2	8	4	11
ナキリスゲ	9	1	5	2	1	4	5	2		4	1	3
タブノキ	15	4	2	4		6	25	8		14	9	11
ヤブニッケイ	17		2	1		3	20	6	2	12	8	8
ヒイラギ	4		3	3	1	5	14	2	1	3		1
オオイタチシダ	2	1		2		2	8	2	1	8	5	2
マンリョウ	1		1	4	1	11	7	2		1	3	8
アカガシ	14	1	3		2	6	6		1	1		4
テイカカズラ	11	2	3				25	7	1	10	6	2
マサキ	7	2		4	1	13	7	2		7	4	
シラカシ	3		14	3	2	36	4		2	2		12
ツルグミ	2	1	2			5	8	3	1	1	1	
イヌツゲ	7		8	5		17	9	1	2	4		4
イノデ***		2		1		5	1	7	1	3	6	1
オモト	2		2	4		8	4		1		1	4
アラカシ	2		6			7	8	1	2		1	11
カクレミノ	1			1			16	6	2	12	5	1
その他47種	19	11	27	19	2	105	106	39	7	54	33	23
種数	40	31	41	38	22	46	58	46	35	48	44	39
合計出現回数	376	69	234	120	32	574	623	170	50	298	179	229
地点あたりの種数	16.3	17.3	15.6	20.0	16.0	15.9	24.0	21.3	25.0	21.3	19.9	19.1

*①はスダジイ林、②はタブノキ林、③はシラカシ林、④は横浜国立大学のスダジイ林

**カブダチジャノヒゲを含む。

***アスカイノデ、アイアスカイノデを含む。

表2.5　横浜市とその周辺地域の照葉樹自然林内における各生活型植物の地点あたりの種数

地域	横浜市				川崎市		鎌倉市		
植生*	①	②	③	④	①	③	①	②	③
資料数	23	4	15	6	2	36	26	8	2
常緑多年草	2.0	2.3	3.0	4.0	2.5	3.9	3.4	3.3	4.0
シダ植物	1.8	4.0	2.1	2.5	3.0	3.4	2.7	4.6	5.0
つる性常緑木本	1.7	2.0	1.9	1.3	1.0	1.1	4.1	3.1	3.0
常緑植物	16.3	17.3	15.6	20.0	16.0	15.9	24.0	21.3	25.0
低木層構成種（常緑）	6.9	7.3	6.7	8.3	5.0	4.3	9.4	7.4	9.5

地域	藤沢市				環境保全林	
植生*	①	②	③	平均	横浜	川崎
資料数	14	9	12		12	5
常緑多年草	2.7	1.9	2.6	3.0	0.4	1.6
シダ植物	2.0	4.0	3.1	3.2	0.7	1.4
つる性常緑木本	3.0	3.4	1.5	2.3	0.4	0.8
常緑植物	21.3	19.9	19.1	19.3	9.4	16.2
低木層構成種（常緑）	10.4	8.8	8.3	7.7	3.3	7.4

*①はスダジイ林、②はタブノキ林、③はシラカシ林、④は横浜国立大学のスダジイ林

所）と13年生（3か所）である。川崎は麻生区に1980年代はじめに造成されたシラカシ、タブノキ、スダジイを主体とする20年以上経過した照葉樹林で、樹高12～15m、低木層植被率は5～30％である。なお、環境保全林の種組成が記録されている資料は少ないのでこれらは貴重なものである。

(1) 常緑多年草による評価

横浜の環境保全林の常緑多年草はヤブラン、ジャノヒゲ、ナキリスゲ、オモトの4種である。これら4種の出現回数の合計は5回となっている。調査地点（資料数）は12か所なので、地点あたりの種数は0・4種となる。**表2・5**の照葉樹自然林内での地点あたりの種数である1・9～4・0種（平均3・0種）と比較すると、1／5～1／10、平均で1／8である。

常緑多年草の地点あたりの種数からみた横浜の環境保全林の復元程度は都市域に残存する照葉樹自然林の10~20%程度と評価できよう。

川崎の環境保全林ではジャノヒゲ、ナガバジャノヒゲ、ヤブラン、シュンラン、ナキリスゲの5種が計8回出現しているので、常緑多年草の地点あたりの種数は1・6種となり、周辺に残存する自然林の1／2なのでこちらは50%の復元と診断できよう。

写真2.4　つる性常緑木本植物のキヅタ

(2) シダ植物による評価

横浜ではシダ植物はスギナとイヌワラビが計8地点から出現しているので、地点あたりでは0・7種となる。照葉樹自然林内での値が1・8~5・0種（平均3・2種）であることからシダ植物からみた自然回復程度は15~40%（平均20%）程度となり、常緑多年草による評価より高くなる。

川崎ではベニシダ、イヌワラビ、オクマワラビ、トラノオシダの4種が計7回出現しているので、地点あたりの種数は1・4種となり、40%程度の復元と評価できる。

(3) つる性常緑木本植物による評価

横浜の環境保全林のつる性常緑木本植物はキヅタ（写真2・

4)だけが5地点から出現しているにすぎない。地点あたりの種数は0・4種となる。照葉樹自然林(平均2・3種)の20％未満の復元程度と評価される。自然林との隔たり具合が大きいことを示している。

川崎ではキヅタとツルグミだけが生育し、地点あたりの種数は0・8種で、平均35％の回復と診断できる。

(4) 常緑植物による評価

横浜の環境保全林での常緑植物の地点あたりの種数は9・4種で1／2程度、川崎が16・2種で4／5くらいの回復といえる。

4　低木層に着目した評価

(1) 低木層植被率

森林は高木層、亜高木層、低木層、草本層の4層から成りたっているのが普通である。地上2～4mの位置を形成している低木層は人の目の位置より少し高いところの空間を占有しているので、森林の中が見通せないように目隠しをしている存在である。

この低木層の植被率に着目し、照葉樹自然林についてまとめたものが**図2・1**である。植生ごとの植被率の平均は40～65％となっている。しかし、横浜市23か所のスダジイ林でみても、低木層植被率が30％以下のところが6か所、60％以上のところが13か所で、平均50・9％となっているように

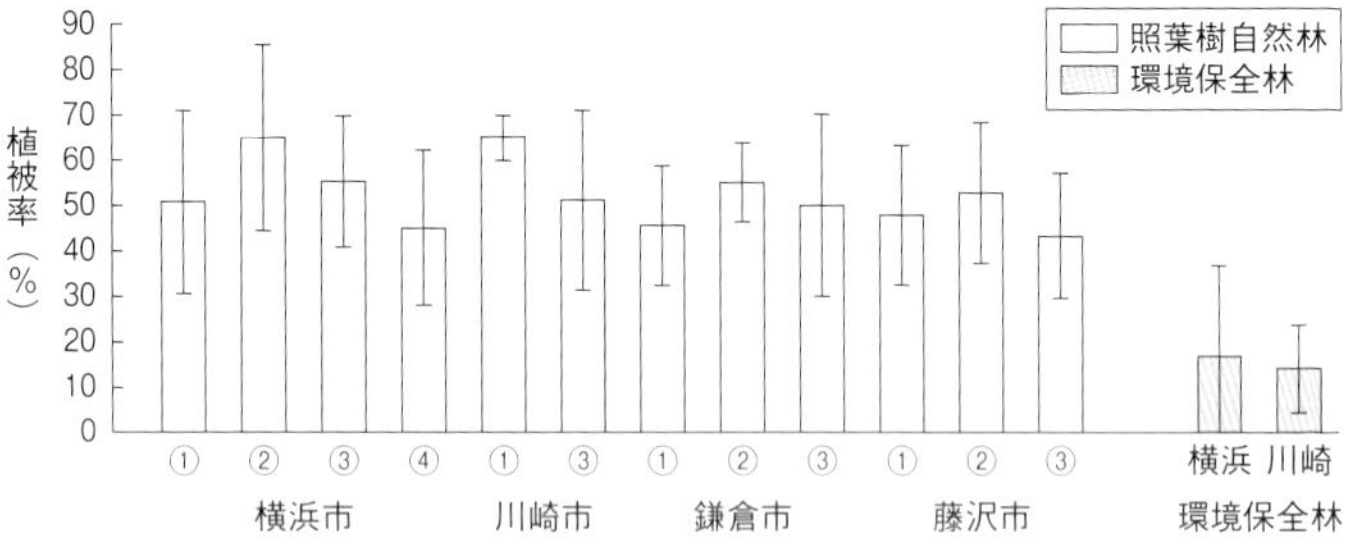

図 2.1　常緑広葉樹自然林と環境保全林の低木層植被率
エラーバーは標準偏差を示す。
(宮脇ほか 1971；1972；1973；1981、藤間ほか 1994、藤間・岩田 2007 より作図)
①スダジイ林、②タブノキ林、③シラカシ林、④横浜国立大学のスダジイ林

植被率のバラツキが大きい。照葉樹自然林の低木層植被率は高い傾向にあるが、どこでも必ずしも高いわけではない。

　環境保全林をみると、横浜では低木層植被率が平均16・7%となっている。12か所のうち、1か所だけ80%と高い値を示しているので、これを除外した残り11か所ではいずれも20%以下で、平均は10・9%となる。川崎では5〜30%で、平均は14・0%となる。

　図2・1からも分かるように、低木層の植被率を目安として、環境保全林の自然性の回復程度を判定することも可能である。しかし、環境保全林での公表データが少ないので、植栽後の経過年数との対応関係を論ずるのは今のところ難しい。

(2) 低木層を構成する常緑樹種の地点あたりの種数による評価

　ある程度時間の経過した環境保全林でよく問題になるのが、多層な群落構造ができにくく、林内が見通せるようになり、垂直的な樹林の厚みが損なわれているということである。これは常緑高木の生長が著しく、低木層の発達が不良のために起きる現象である。そこで低木層を構成する（**写真2・5**）種数を指標として環境保全林の自然性の回復度合いを評価してみよう。

先にあげた4地域（横浜市、川崎市、鎌倉市、藤沢市）の群落組成表から、低木層を構成している常緑広葉樹を抽出し、群落ごとに出現回数を求めたのが**表2・6**である。4地域から合計37種が抽出されている。高木層を形成しているスダジイやタブノキでも低木層に生育していなければ算定していない。また、常緑針葉樹と外来種は除外してある。

写真2.5　低木層を構成しているシロダモ

地点あたりの種数に注目してみると、4・3～10・4種（平均7・7種）となっている。横浜の環境保全林では3・3種（**表2・5**）なので、平均で自然林の1／2の値となっている。これを用いれば、50％程度に復元していると評価できる。また、川崎の環境保全林（**表2・5**）では7・4種で、平均ではほぼ同じ値となっている。生活型ごとの地点あたりの種数による評価より自然性の回復が進んでいるといえる。

常緑多年草、シダ植物、つる性常緑木本植物などの地点あたりの種数は、横浜の環境保全林では周辺域の自然林の1／4～1／8程度、川崎の環境保全林では1／2～1／3と

表2.6　横浜市とその周辺地域の照葉樹自然林内における低木層構成種（常緑広葉樹）
表中の数字は出現回数を示す。

地域	横浜市				川崎市		鎌倉市			藤沢市		
植生	①	②	③	④	①	③	①	②	③	①	②	③
資料数	23	4	15	6	2	36	26	8	2	14	9	12
ヤブツバキ	13	4	11	1	2	4	20	5	1	7	8	7
アオキ	19	4	10	6	2	22	24	8	2	11	8	9
ヒサカキ	12	2	12	6	1	21	21	2	2	10	7	9
シロダモ	13	4	10	5	1	18	12	7	1	7	7	10
ヤツデ	5	3	4	4	1	8	19	6		10	4	5
スダジイ	5	2	1	4		2	22	4	2	14	4	2
タブノキ	8	3	2	2		3	18	5		9	5	7
ヤブニッケイ	13		2	1		2	17	4	2	10	6	5
モチノキ	13		6	1		1	17	4	2	13	5	5
シラカシ	3		13	2	1	29	2			2		10
ネズミモチ	7		6	3		17	12	1		8	3	4
シュロ	10	3	6	4	1	6	3				4	5
イヌツゲ	4		4	3		3	6		2	3		3
マサキ	4	1		2		2		2		3	2	
アカガシ	12		2		1		4		1	1		3
カクレミノ	1			1			12	4	1	10	5	
アラカシ	1		4			5	7	1	2			9
その他20種	15	3	8	5		11	28	7	1	28	11	7
種数	24	11	19	17	8	18	22	15	12	25	19	19
合計出現回数	158	29	101	50	10	154	244	59	19	146	79	100
地点あたりの種数	6.9	7.3	6.7	8.3	5.0	4.3	9.4	7.4	9.5	10.4	8.8	8.3

①はスダジイ林、②はタブノキ林、③はシラカシ林、④は横浜国立大学構内のスダジイ林
階層構造の低木層を構成している種だけである。
常緑針葉樹と外来種は除外してある。

なっている。また、常緑の低木層構成種や常緑植物の地点あたりの種数は、横浜の環境保全林では1／2、川崎ではほぼ同じ値となっている。

これらの評価項目を個々に環境目標となる照葉樹自然林と比較し、自然復元への診断を行うことも可能である。しかし、これらをまとめて評価するほうが総合的に判断することができるので、以下の方法を推薦したい。

5　自然性回復の総合的評価*

環境保全林は古いものでも植栽してからまだ40年しか経過していない。そこで植栽後50～60年を経過した環境保全林を「仮想的飽和環境保全林」とし、これを到達目標とする。50～60年生の環境保全林を目標としたのは、樹高が20m、胸高直径が40cmに生長し、樹木サイズとしては自然林に比べて遜色ないと評価できるからである。60年以降に急に生長が著しくなることも考えにくいことから、50～60年生くらいを仮想的飽和状態とした。

さらに40年生の環境保全林を「仮想的飽和環境保全林」の80％くらいの飽和状態とし、5階級評価のランク4に相当するものとして基準化することとした。

その根拠として、佐倉市、千葉市、富津市、笠森寺などの千葉県内の植生調査報告書（宮脇・鈴木1974、宮脇ほか1977、1981、手塚・奥田1965）を利用した。これらの自然林の資料から高木層の樹高をまとめたのが**図2・2**である。地域ごとや植生ごとに比較しても高木層を形成している樹高はそれほど高くはなく、大まかに見ても平均樹高は20mとして不都合はない。

したがって、環境保全林の樹高は、少し余裕をもたせ25mで飽和状態に達したと判断してもよかろう。川崎市にある火力発電所の植栽後11年～17年、横浜国立大学の不定期の調査データ、千葉県内の自然林のデータなどを比較すれば樹高に関しては50～60年での飽和状態を説明できよう。しかし、

＊原田（2017a、b）に加筆・修正

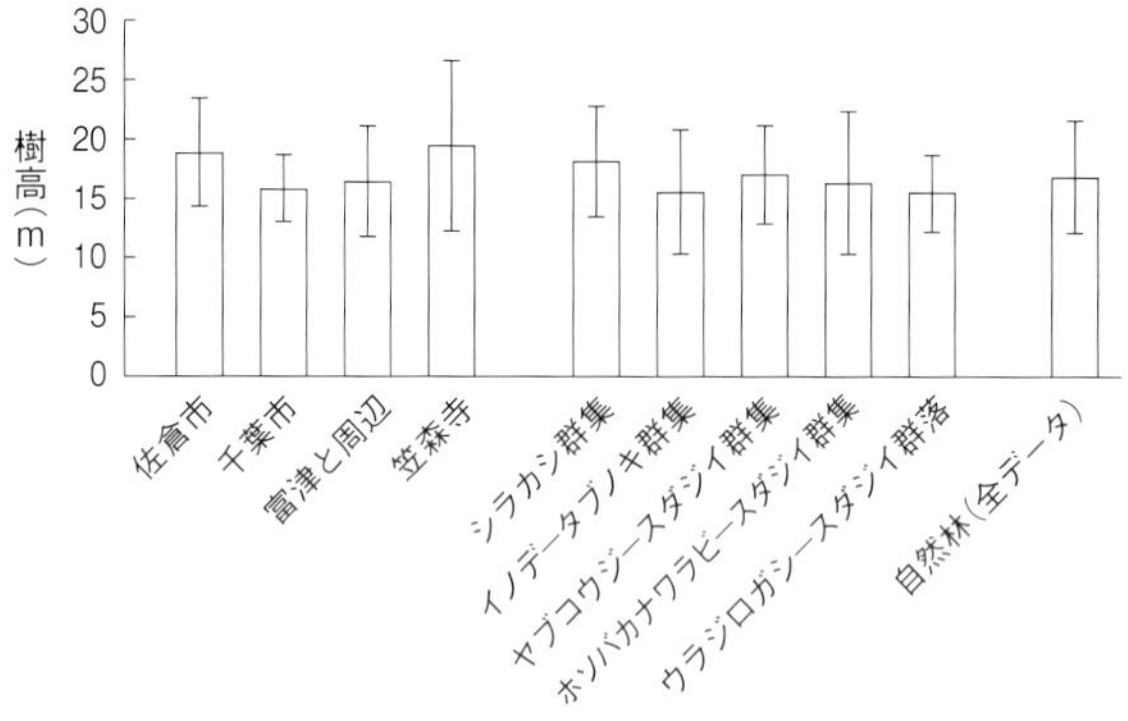

図 2.2　千葉県照葉樹自然林の地域別および群集別の樹高平均値
エラーバーは標準偏差を示す。

残念なことに自然林の資料には胸高直径のデータが欠落しているので、肥大生長の飽和状態を自然林から類推することはできない。今の段階では環境保全林だけのデータもしくは飽和樹高から類推せざるを得ない。また、幹の太さは少しずつ肥大し、安定した飽和状態ができにくい。そこで、樹高の飽和状態から50～60年生の環境保全林を飽和状態とせざるを得ない。

6　評価項目の選定と階級分け

(1) 樹高と胸高直径

調査範囲(10m×10m)内の樹高が高く、幹が太そうな樹木を10本前後選定する。選定した樹木は同種でも異種でも構わないが、複数種とする。樹高と胸高直径を測定し、それぞれの平均値を求める。

(2) 立木密度

ポット苗を高密度(㎡あたり2～3本)に植栽するので、生長に伴い何本かは被圧されて枯死する。そこで25㎡くらい

表 2.7　評価項目とランク区分

評価項目＼ランク	1	2	3	4	5
樹　　高（m）	5未満	5～10未満	10～15未満	15～20未満	20以上
胸高直径（cm）	10未満	10～20未満	20～30未満	30～40未満	40以上
立木密度（本／25 m²）	30以上	20～30未満	10～20未満	5～10未満	3～4
低木層植被率（%）	10未満	10～20未満	20～30未満	30～40未満	40以上
草本層植被率（%）	10未満	10～20未満	20～30未満	30～40未満	40以上
常緑多年草種数	1未満	1～2未満	2～3未満	3～5未満	5以上
シダ植物種数	1未満	1～2未満	2～3未満	3～5未満	5以上
つる性常緑木本植物種数	1未満	1～2未満	2～3未満	3～5未満	5以上
低木層常緑構成種数	2以下	3～5未満	5～10未満	10～15未満	15以上
常緑植物種数*	5未満	5～10未満	10～15未満	15～20未満	20以上

*外来種は除く。

の調査枠内の立木本数を測定する。生長とともに密度が減少する。

(3) 低木層植被率と草本層植被率

ここで、植被率を評価項目とした理由は下記のとおりである。

将来高木になる潜在力をもった競争力の等しい樹種を高密度に植栽するため、ほぼ同じ高さのところに葉群が形成されることになる。そのため低木層には葉層ができにくい。その結果、林内が見通せるような状態となる。そこで低木層の葉群の量（植被率）が評価基準となり得る。

照葉樹環境保全林の林床は、日光が遮られて暗く、未分解の照葉樹の落葉が厚く堆積し、草本植物の侵入・定着を難しくしている。草本植物の定着は種数を増加させ、種多様性を高めるはたらきがある。そこで草本層植被率も評価項目の一つとした。

環境保全林について従来このような手法の試みや検討がまったくなされていないことを考慮すると、自然性の回復

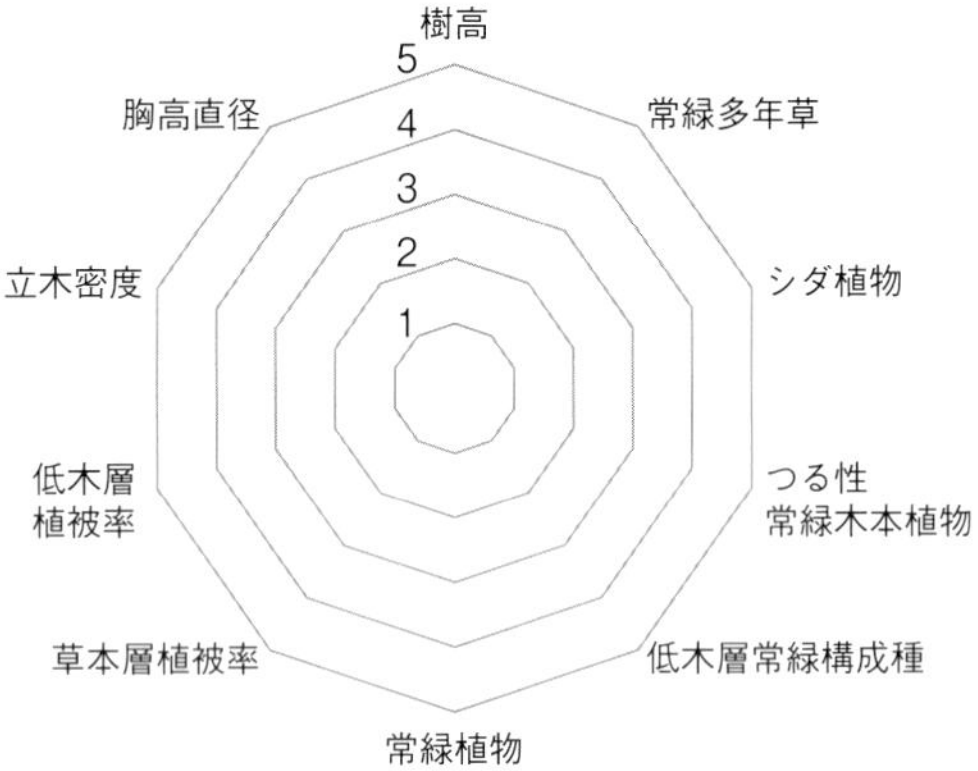

図2.3　評価のためのレーダーチャート

程度の判断材料の一つとして利用することができよう。

これらの評価項目に常緑多年草種数、シダ植物種数、つる性常緑木本植物種数、低木層常緑構成種数、常緑植物種数を**表2・7**のようにそれぞれを5ランクに区分する。この結果を**図2・3**のようなレーダーチャートで表示することもできる。

各評価項目についてランク1には2点、ランク2には4点、ランク3には6点、ランク4には8点、ランク5には10点の配点を与え、10点×10項目の100点満点で評価できる。しかし、具体的なデータは今のところまだない。

第3章　植栽樹木の生長

環境保全林を形成するため植栽した樹木は必ずしも順調に生育するとは限らない。ポット苗の良し悪しによって、個体の生育の挙動は大きく異なる。

また、植栽した樹種がそこの環境に合っているかどうかによっても生長は大きく左右される。樹種の選択は、植栽後の樹木の生長に大事である。

したがって、植栽に際しては、正しい樹種選定や適正な環境整備が必要である。それでも地滑りや動物が侵入し、植栽木を摂食したり、クズなどつる植物がはびこり、植栽木が被覆されるなどの動植物の侵入、人為的破壊などの影響で生長が阻害されることがある。そのため、植栽された樹木は、ただ目視による経年変化を観察したり、定点写真を撮るばかりではなく、定期的に生長を調査し、林分の生長を定量的に把握することが望ましい。

植栽地におけるこれらの樹木生長から得られる立地への適合性の資料は周辺地でのさらなる植栽に有益な情報となる。したがって、データ収集を行うことは単に林分の生長程度を把握する材料となるばかりではなく、より良好な森づくりのためにも重要である。また、これらの情報はたとえば二酸化炭素吸収量の推定や樹種の生態的特性の把握、樹林の将来予測などにも役立つ。より長期的なデータ収集を行うことで、植栽地の状況や生育の変化なども分かるため、継続的なモニタリングが求められる。

1　調査の方法

⑴ 準備するもの

植栽木の生長調査に必要な用具は以下のようなものである。（写真3・1、3・2、3・3）

調査用具：ナンバリングタグ、ノギス、コンベックス、メジャーポール、方眼紙、データ用紙、直径尺、クリノメーター

⑵ 調査区の設定

植栽木の生長の特徴を把握するためにモニタリングを行う調査区を設定する必要がある。調査区はその植栽地を代表するデータとなることから、種々の条件や知りたい情報を勘案して設置する。たとえば斜面の上部と下部で土壌水分条件が異なることが考えられる。また、斜面方位や盛り土に用いられた土壌の物理的、化学的性質により樹木の生長が変化する。したがって、可能であれば複数の調査区を設定して、環境条件の相違から林分および樹木の生長特性の把握を行うことが望ましい。

調査区サイズは調査の目的によっても変わるが、知りたい樹種の特性を解析する上で統計的に必要十分な個体数を確保できるように設定する必要がある。その際、植栽直後から時間が経過するにした

がって、枯死木が増え、種名が不明の個体が出てくるため、植栽後はできるだけ早く調査区を設定する。

調査区設定に際して、あらかじめその大きさを決めるよりも、目的に適う個体数を確保し、調査区サイズを決定することが望ましい。具体的には調べたい樹種の個体数が調査区内で少なくとも10を超えるべきであろう。

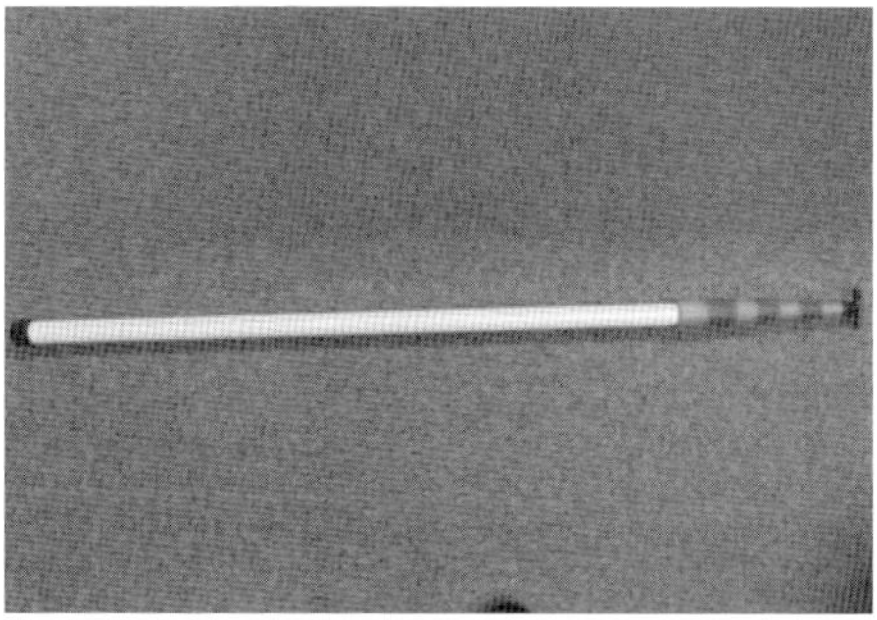

写真3.1　樹高を測定するメジャーポール

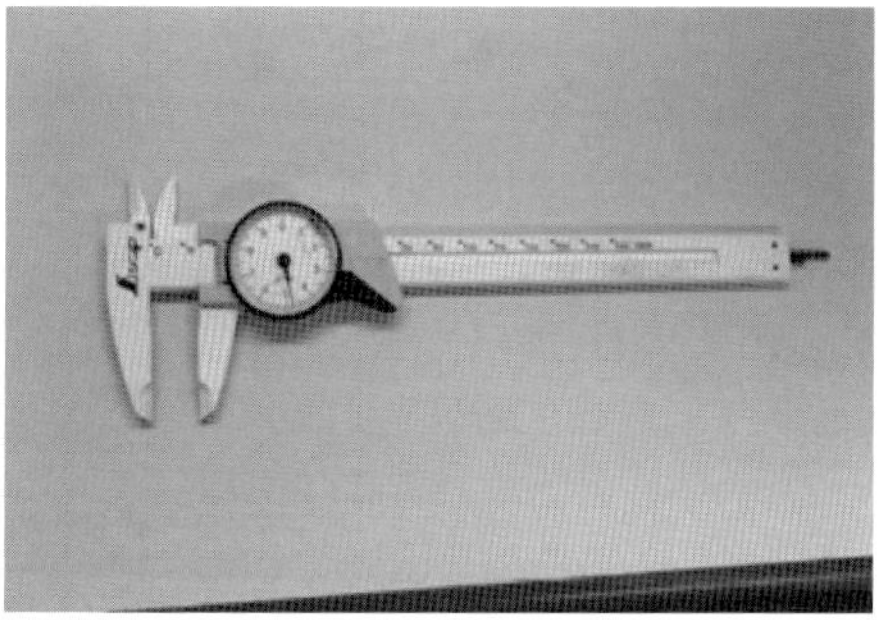

写真3.2　根元径や胸高直径を測定するノギス

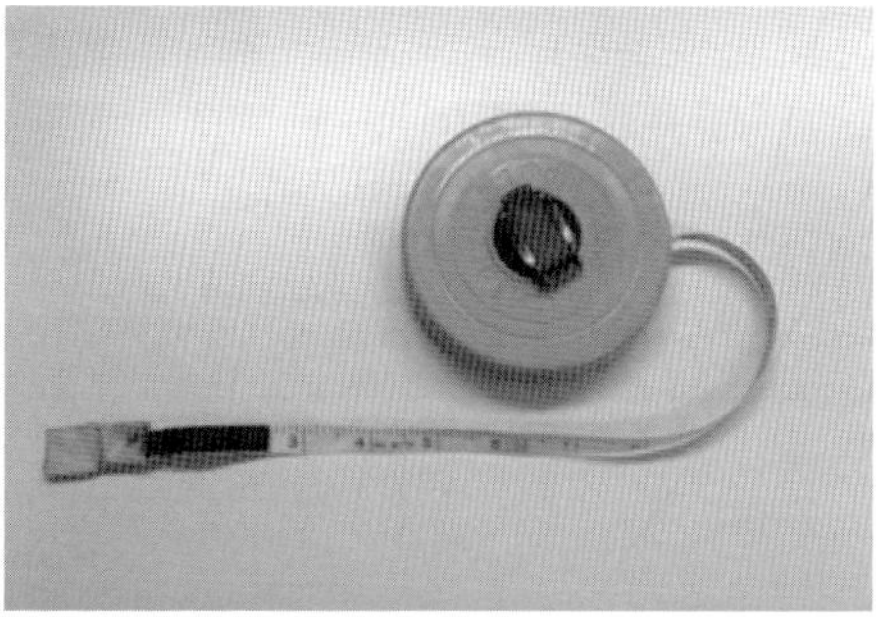

写真3.3　大木の胸高直径などを測定する直径尺

写真3.4　ナンバリングタグを付けた植栽木

また、林分を調査する場合には調査区内の特定の樹種だけではなく、その内部に生育しているすべての個体を調査することで、調査区内全体における立木密度、総材積量、単位面積あたりの材積量などの解析データが得られる（69～71頁で説明）。したがって、調査区内に生育する樹木はすべて測定対象とすることが望ましい。また、データ解析の過程で調査対象地の面積を求める場合には、調査区は矩形に設定しておいた方が、計算しやすいので調査区のサイズや個体数を考慮して調査区を設定する。

設定された調査区内の樹木には、ナンバリングタグを付けておく（**写真3・4**）。ナンバリングは紐で樹木に付けておくが、肥大生長するにつれて紐の輪の空間は狭まるので樹木の生長を見越して余裕を持った輪の大きさにしてくくりつける。紐はナイロンなど難分解性物質でできたものは、幹が太くなると食い込むなど生長阻害の可能性があるので、生分解性（微生物に分解され無機物になる）のものが望ましいが、その場合には数年で紐が切れるおそれがあり、メンテナンスが必要である。調査時にナンバリングタグの紛失などは生長デー

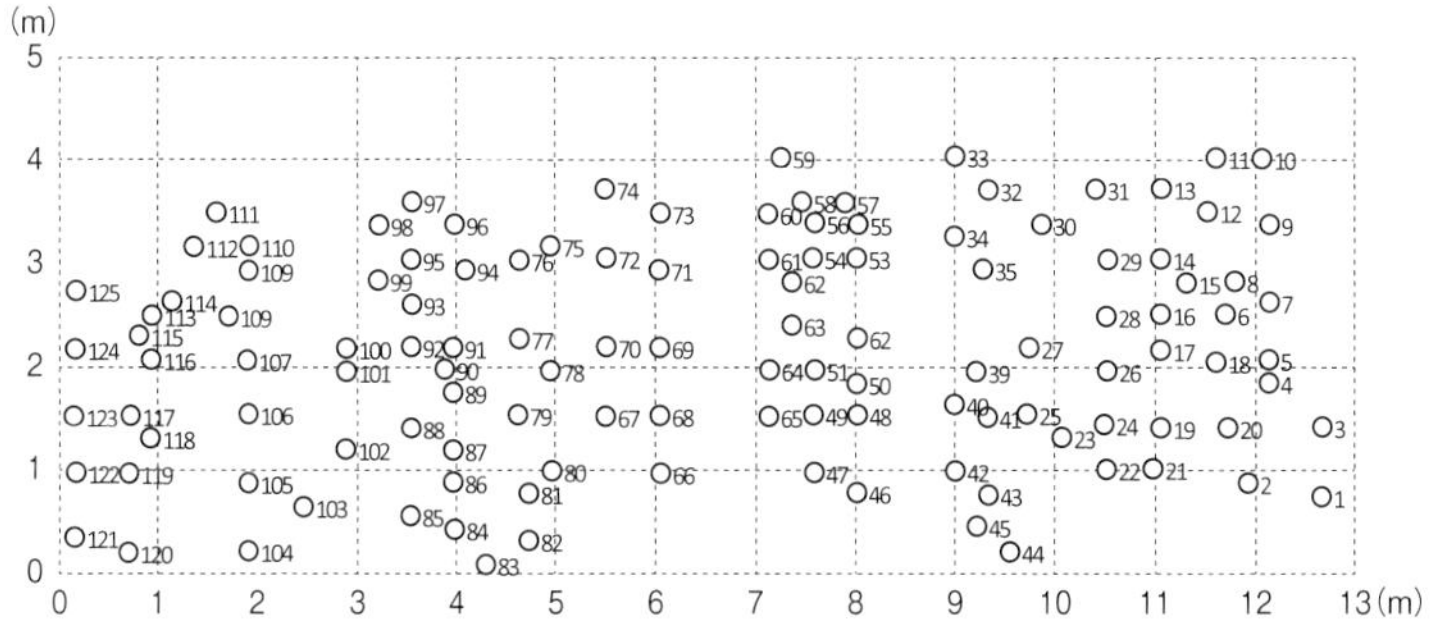

図3.1　植栽プロット樹木位置図

タシートの備考欄に記載し、次回調査までに付け替えをする。

また、樹木が生長するにしたがって、樹木からの落葉や土壌の移動などにより、ナンバリングタグは一年もすればほとんど埋もれてしまう。さらに、植栽から時間が経過すると、枯死による個体の喪失や、調査対象樹木の位置の不明などが起きる。したがって、植栽された樹木の位置図を作成することは、継続調査を行ううえで非常に有効である。位置図は植栽直後あるいは調査開始時に作成する。方眼紙などに互いの樹木の位置関係が把握できるよう正確に記載しておく。その例を**図3・1**に示す。この位置図により、調査時に調査対象樹木の発見が著しく容易になるので、最初は手間がかかっても作成しておきたい。

2　調査および解析項目

(1) 樹　高

樹高はコンベックスあるいはメジャーポールを用いて測定する。樹高は根際からの高さを測定する。樹木は生長過程で風衝、積雪などの外的圧力や斜面立地、個体間競争などの生育環境条件により、必ずしも鉛直方向へ生長するとは限らない。しかし、樹高の定義を決めておかなければ、その都度樹高の定め方が変わってしまうおそれがある。そこでここでは斜面上などで斜め方向へ樹木が伸びていたとしても樹木の根元から鉛直方向への高さが最も高いところを測定樹木の樹高のポイントとする。それゆえ、幹に沿った長さを測定しないよう、心掛ける必要がある。また、測定する高さの部位を決めておくことで測定誤差が少なくなる。たとえば根元から先端部の枝先頂芽部位や最も高い葉の葉柄の付け根部などとすることで測定者や測定時の違いによる測定誤差が避けられる。

(2) 胸高直径、根際直径

樹木の生長を測る項目として樹高とともに樹幹の太さが重要となる。後述する胸高断面積や材積量に樹木直径の自乗の値を用いるため、測定誤差は最小限に抑える必要がある。樹木サイズが小さいときは、ノギスを用い根際の直径を測定する。測定時の誤差を少なくするため、測定方向を一定に保つ、あるいは最小値、最大値を測定するなどの方法がある。

樹高がある程度高くなってきたら、胸高直径を測定する。胸高直径とは胸の高さぐらいにおける直径を指し、地面から1・3mのところの高さの直径を意味する。調査木が1・5m以上の樹高になったら測定するなどとルールを決めておくと、測定し忘れることがない。

また、**図3・2**のように根際直径と胸高直径の両者の相関（調査木405個体）をとっておくと植栽直後と後年のデータの比較に有用である。

(3) 胸高断面積および材積量

植栽された樹木の生長特性を調べる時、樹高や直径の経年変化を追っていくことは有効な解析方法である。しかし、樹種によって伸長生長を優先するものと肥大生長を優先するものなど、樹種によってその生長パターンは異なる(Meguro & Miyawaki 1997, 2001)。したがって、樹高や直径だけでは生長の善し悪しは判定できない場合がある。

植栽された樹木の生長量や樹種特性の解析、林分全体の生長を把握する方法として樹木の断面積合計や材積量を算出する方法がある。

胸高断面積は$\pi(D/2)^2$（D：胸高直径）で算出される。また、材積量の指標として材積指数D^2H（H：樹高、D：胸高直径）を用いる。

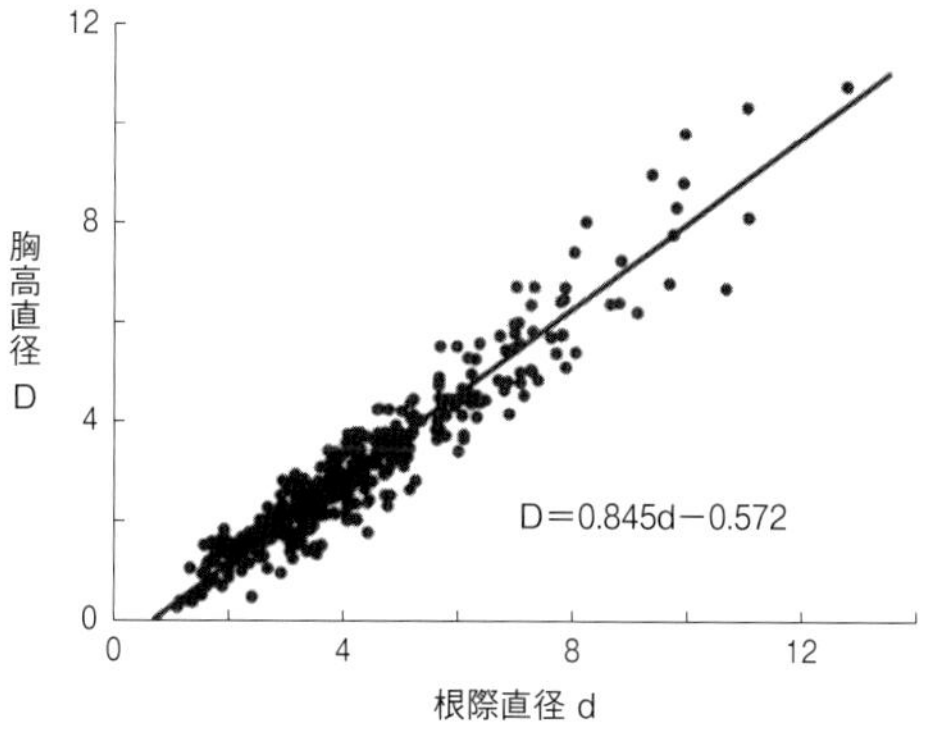

図3.2　根際直径―胸高直径の相関図（Meguro 2002を改変）

胸高断面積は樹木の直径は測定できるが、樹高が何らかの理由で測定できない場合には、有効な方法であるが、上記のように肥大生長を優先させる樹種では胸高断面積がより他の樹種よりも大きな値を示す場合があることに留意する必要がある。一方、樹木は円筒形をしているわけではなく、また樹形も樹種によって異なるので、正確な材積量を求めることは実測をしない限り困難である。しかし、胸高断面積だけでは樹木の鉛直方向の生長が考慮されていない。したがって、D^2Hを体積の次元にそろえ、材積量の指標とする。

これらの指数を用いて調査区内に生育する樹種ごとの平均値を算出することで生長パターンからみた種生態や立地条件に対する生長挙動が明らかになる。また、実測データからその土地環境における樹木の重量と材積指数の関係式も提案されている(Ogawa *et al.* 1965)。さらに、調査区の面積が得られている場合には、林分における単位面積あたりの総材積指数を算出することで当該立地の林分生産性を知ることができる(目黒２００３)。

なお、樹高(H)と胸高直径(D)は計測時には異なる単位で測定してかまわないが、㎝あるいは㎜のように揃えて、上記の指数を計算しなくてはならない。

(4) 枯死率、立木密度

調査区内の生長量調査を実施すると、植栽された樹木のうち枯死するものが出てくる。したがって、継続調査を行うことで、調査区全体の枯死率や樹種ごとの枯死率が求められる。これらの値は、植栽地の立地特性、例えば、土壌が過湿で枯死木が多い、などが数値的に示され、また、樹種特性として植栽立地への適・不適が明らかになり、近隣の植栽予定地での植栽計画に有用な資料となるため、算出しておく方がよい。樹木の生長量は土壌養分に左右されるが、枯死か生存かは立地そのものの適性を反映することが多いため、重要な調査項目といえる。

なお、生存本数および植栽面積から立木密度が計算される。密度―材積量の関係把握や将来予測などに用いることができる（目黒 2003）。

(5) 樹冠投影図

口絵⑧上に樹冠投影図の一例を示す。調査区の設定で述べた対象樹木の位置を図面にプロットし、その樹木の樹冠を二次元上に図面に落としていく。より上方の樹冠を形成している樹木の樹冠を実線で示し、その下に位置する樹冠を破線で示してある。また、樹木の幹の根元の位置を●で表し、その樹木の樹冠であることを表すために前記実線あるいは破線の樹冠と●を直線で結んである。

樹冠投影図は種毎の樹冠の大きさと分布を示し、樹種の空間配分や林冠分布のイメージ把握に役立つ。また、定点に設置された調査区で樹冠投影図を作成することにより、時間の経過とともにどのように樹冠が変化しているかを経年的に追跡できるため、林分構造変化の予測や種特性の把握にも有効である。すなわち、特定の種の消長、樹冠の拡大・縮小および相観の変化を視覚的に捉えることができ、生長データを併用することで、耐陰性の有無や種間の空間獲得の様子、枝の張り出し具合などの理解に役立つ。

3　環境保全林での実例

(1) 秋田県の環境保全林

写真3・5は植栽後7年が経過した、秋田の環境保全林の様子である。周辺地域の植生調査を行い、

写真3.5　植栽７年後の夏緑広葉樹林帯の環境保全林（秋田県）

写真3.6　結実したミズナラのドングリ

ミズナラ林、コナラ林などの落葉広葉樹林が成立する立地と考えられ、コナラやミズナラなどのナラ類を主体とする苗を植えている。

当地は鉱物残渣堆積上に形成された環境保全林で、客土に現地の養分の乏しい火山灰土を用いるなど土壌条件が厳しい立地である。そのため、全般的に樹木の生長は速くはないが、活着率は良好である。植栽後数年で植栽された樹木のなかには結実する個体もある（**写真3・6**）。また、それを捕食する生物がみられるようにもなってきた。哺乳類、鳥類、昆虫、土壌動物などの増加も認められるようになり、生態系ピラミッドの基盤としての機能も果たしていると考えられる。

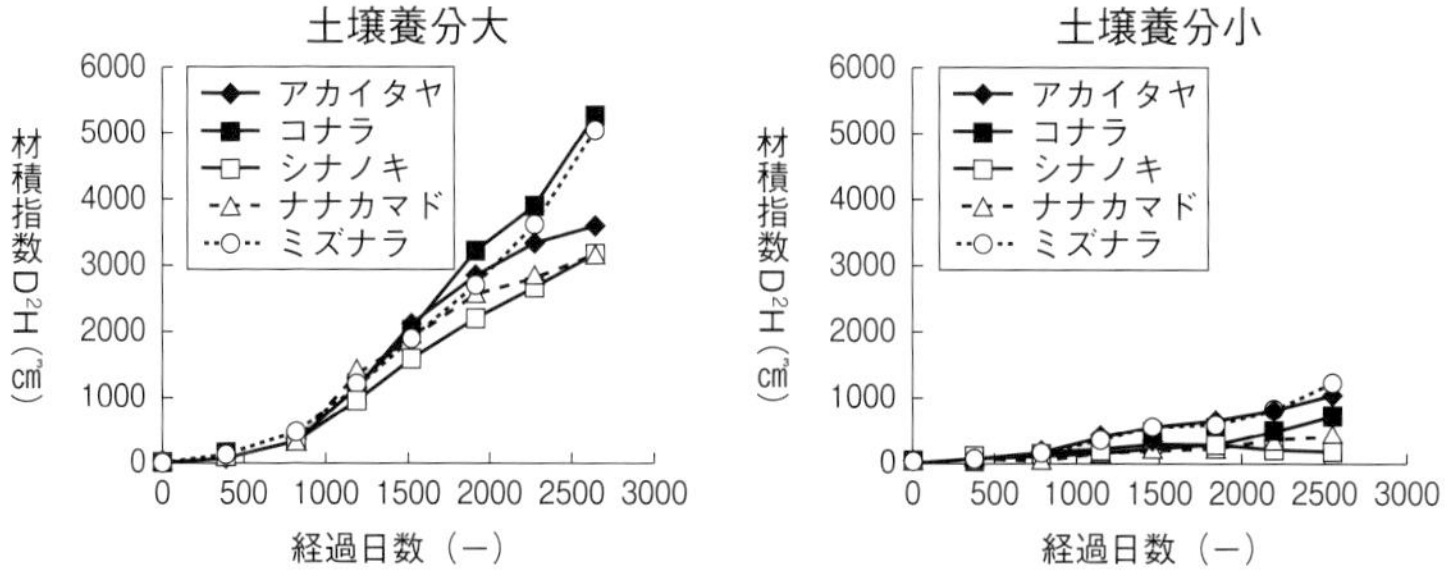

図3.3　土壌養分の違いによる樹木生長の差異

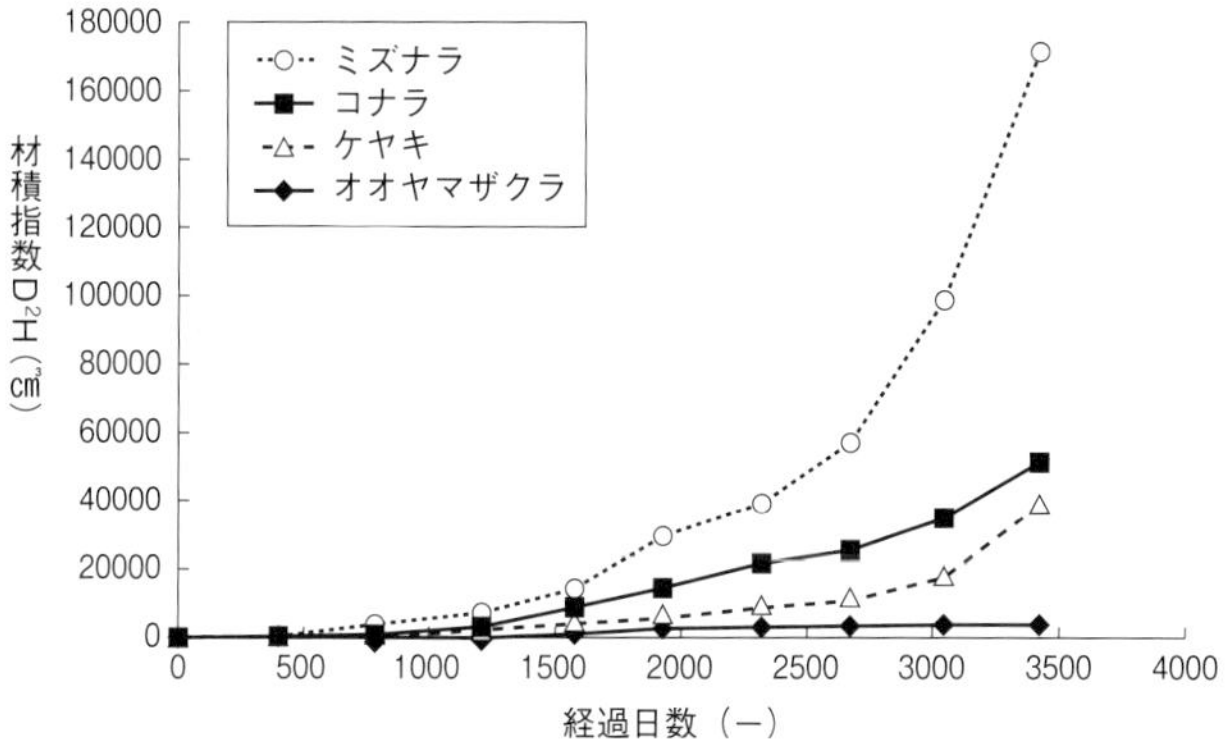

図3.4　閉鎖林分下に植栽された樹木の生長

植栽地の樹木生長調査を行うことで、樹林の生長具合や立地の特性、樹種生態などの情報が得られることがわかる。**図3・3**は土壌養分の異なる隣接する調査区の材積指数の経年変化である。土壌養分が少ないと樹種に関係なく生長量が低下していることが示されている。

図3・4はニセアカシア植林下に植栽された樹木の生長を示している。樹種によって生長速度が異なることがわかる。この場合、同じブナ科コナラ属のミズナ

ラとコナラでも生長速度が異なり、ミズナラの方がコナラよりも速く生長している。これはニセアカシアの林冠によって被陰された立地であるので、ミズナラの方が耐陰性が高いことを示している。このように環境と樹種の関係を把握することは、その後の他の植栽地に用いる樹種の選定とその配分の策定に有益な情報をもたらしてくれる。

ただし、生長が速くなることばかりを考えるのではなく、着実に活着することを第一義的とすべきであろう。自然林でも土壌が薄いスダジイ林などでは5mほどにしかならないこともある。必ずしも常に樹木の生長が速いことが求められるわけではないし、施肥による生育障害やコスト増大、侵入植物などの問題も考えられるから、目的に沿った林分生長を目指せばよいわけである。このようなデータを収集することで、林分の生長の特徴や、樹種による立地に対する適合性や応答性を知る手がかりになる。

写真 3.7　マレーシア・ボルネオで形成された環境保全林

(2) マレーシアの環境保全林

マレーシア・ボルネオでは25年間で最大樹高30mほどの環境保全林が形成された。総植栽面積は50haあり、**写真3・7**にその一部が示されている。ここでの生長データを紹介する。

東南アジア熱帯雨林構成樹種群で多くの種を占めるのはフタバガキ科であり、特に多いのがサラノキ属（*Shorea*）である。**口絵⑧**下はマレーシア・ボルネオの環境保全林で生長したサラノキ属の2種の生態的特性と立地選択性を示した例である。

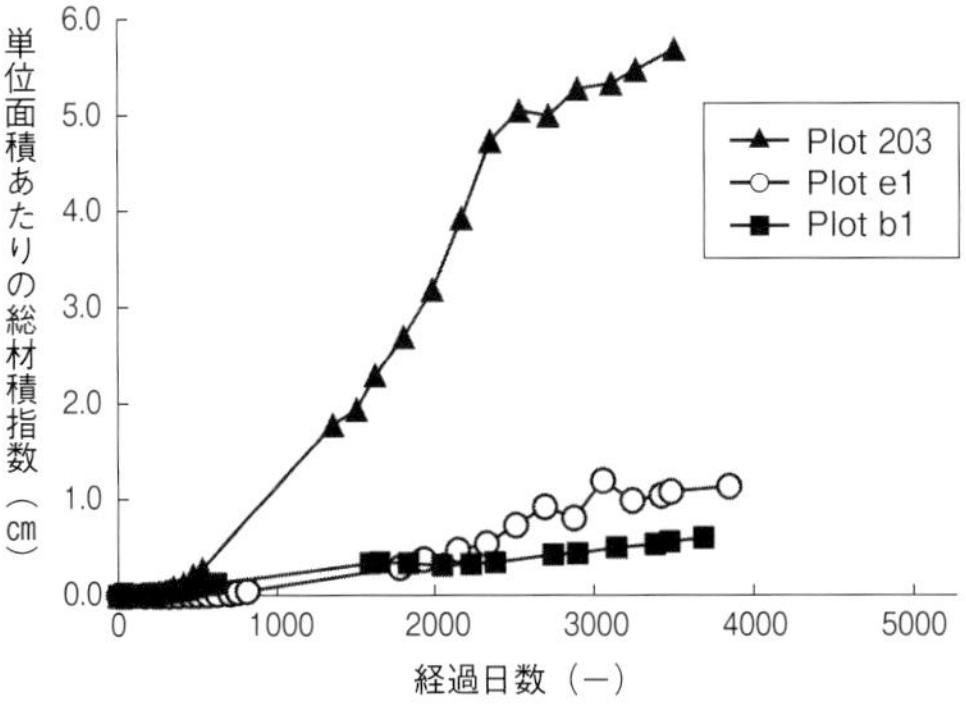

図3.5　単位面積あたりの総材積指数変化
（Meguro & Miyawaki 2011を改変）

*S. ovata*はより乾燥した立地で良好な生長を示し、形状比（樹高／胸高直径）の変動も大きく、立地の乾湿が生長へ与える影響が大きいことを示している。一方、*S. maxwelliana*は生育立地の明るさに影響を受けず、樹木の形状比の変動も少ない。さらに、より暗い立地での生存率が高いことから、陰樹であることがわかる。

図3・5は樹木の総材積指数を調査面積で除した値の経年変化を示している。単位面積あたりに生育する樹木の材積指数量を示しており、植栽された樹種構成が同じであれば、植栽地の地力を示す指標になると考えられる。また、土壌、立地条件が同じ場合には植えられた樹種群の生長量をはかる目安になる。したがって、立地特性や林分生長の把握に用いることができる。図中のPlot 203は目視でも

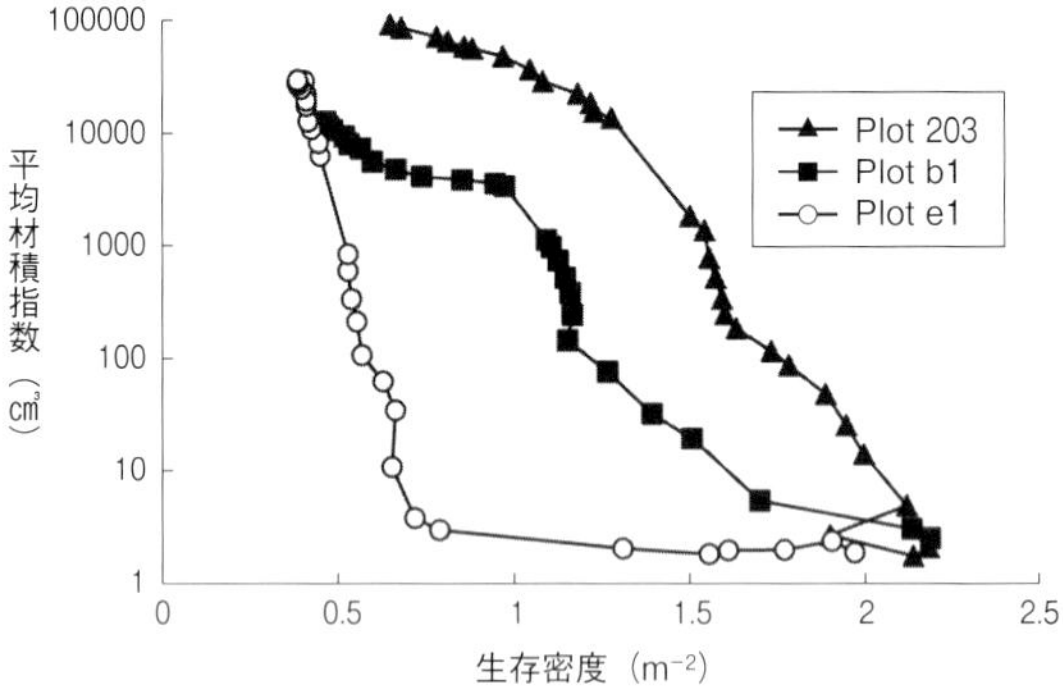

図3.6　熱帯環境保全林における樹木密度と平均材積指数との関係
（Meguro & Miyawaki 2011 を改変）

適湿で富養な土壌でもっとも生育がよく、Plot b1は貧栄養、Plot e1は乾燥した土壌立地での植栽地であった。実際の環境保全林の生長をよく示している。

また、**図3・6**は生存密度と平均材積指数の関係を表している。林分生長における密度変化は環境条件や植栽樹種構成などによって様々である。植栽木の多くが生き残りながら林分生長する場合があれば、早い段階で多くの樹木個体が枯死してから生残木が生長していく場合もあるが、最終的には密度と材積指数の関係が図左上へ収斂していく様子がうかがえる。

図3・7は日本とマレーシアの環境保全林の林分生長の経年変化を示したものである。気温の高いマレーシアでは安定的な林分生長状態に達するまでの時間が短く、その生長速度も日本より速いことがわかる。収集された生長データから林分生長速度を求めることができ、一年間に林分内で増大する生長量や形成された環境保全林に吸収される二酸化炭素量（Meguro & Miyawaki 2011）の推定をすることが可能となる。

このようにデータを蓄積することで異なる場所に造られた環境保全林との生長比較が可能となり、

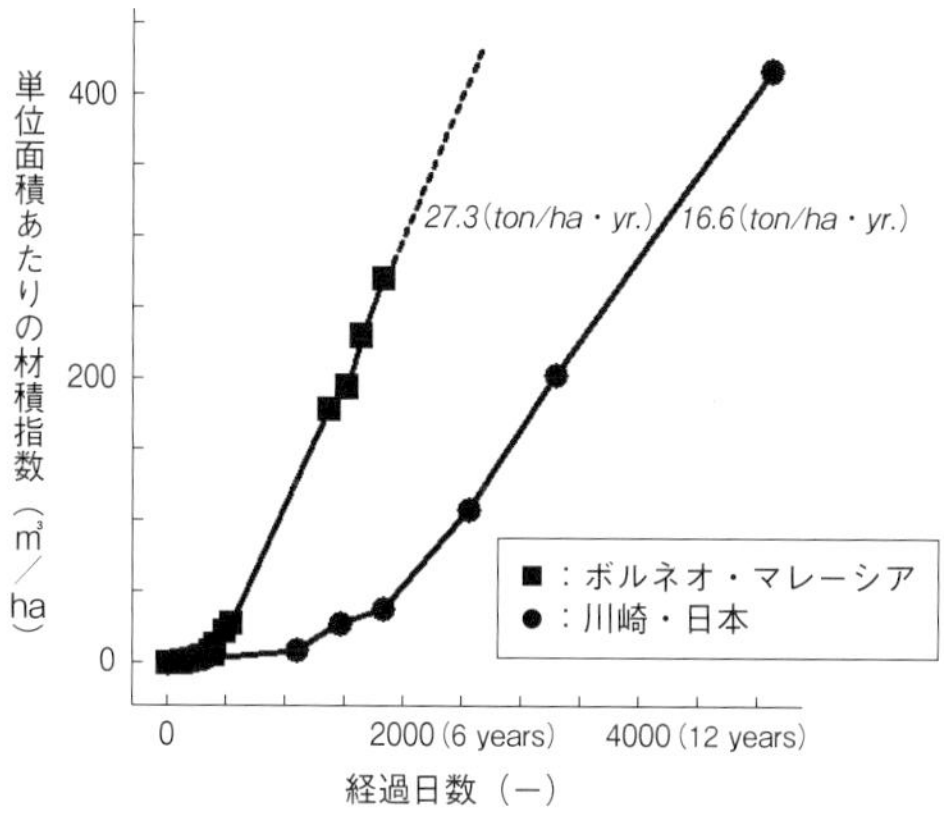

図3.7　日本とマレーシアにおける環境保全林の林分生長の比較例（Miyawaki & Meguro 2000を改変）

写真3.8　マレーシア・ボルネオのポット苗圃場

その土地における生長特性がより明確になり、将来予想の一助にもなる。

　樹木の生長を継続的に調べることで、多くの情報を得ることができ、その後の植栽計画立案に有効な手段となり、種生態、林分動態特性など科学的知見を得ることが可能となる。

　また、植栽に用いる苗の善し悪しは、森づくりの成否に関わるばかりではなく、収集・解析されるデータにも影響を与える。樹種選定、植栽準備などがよくできていても、肝心の苗の出来が悪ければ、信用できる科学的データを得られない。しっかりと根系の発達した苗を用いたい（**写真3・8**）。

●コラム４　環境を守る森に侵入する動物

植栽された樹木にはさまざまな動物がやってくる。その結果、積雪期におけるノウサギによるシラカシの葉の摂食（福井）やノウサギによる苗木主幹の切断（北海道）、げっ歯類によるミズナラのドングリの摂食（秋田）、シカによる食害（箱根、福井）、ガの幼虫による苗木の食害（愛媛）などが報告されている。

また、食害を示唆する間接的な証拠として、クマ、シカ、カモシカなどの糞や足跡の存在、カミキリムシの成虫の確認（静岡）などがある。

特に若い苗木は動物によるダメージを受けやすく枯死に至る場合も多くある。さらに、近年問題になっているシカによって、植えた苗木が大量に食害されて壊滅的な被害を受け、防鹿柵の設置を余儀なくされる場合もある。

しかし、これらの動物の出現による被害は、餌を求めてやってきた動物による植栽初期の一過性の現象に過ぎない。一方、環境保全林は動物たちに生息場所を提供している。例えばいくつかの場所での鳥の巣（静岡）やカンボジアでのハチの巣、ネズミの巣（岩手）、ヘビの出現（マレーシア）などが報告されている。これらの事例は環境保全林が種多様性や自然性を高めることに貢献していることを示している。

植栽後の数年間は動物の侵入、食害によって壊滅的な被害を受ける可能性がある。また、樹木の生長によって林内が暗くなり、温湿度の環境が安定するまでは土壌が直接日光や雨水にさらされ、風が入りやすいので植栽初期段階は特にその生育状況に注意を払う必要がある。

ほ乳類が結実した植栽木のドングリを集め、摂食した様子

第4章　環境保全林の構造

1　リターフォールの調べかた

リターフォールとは、樹上から林床に落下する葉、枝、樹皮、花や果実などの有機物のことである。植物は水と無機物から光合成により有機物を合成し、植物体を作り、それらの有機物は落葉や落枝などのリターフォールとなって地上に落下し、土壌動物や微生物により無機物に分解される。このようにリターフォールは森林の物質循環の中で、樹林地への養分の供給源として重要な役割を担っている。

森林では、葉量が一定ならば、年間の新生葉量と落葉量はほぼ等しいことが知られている（只木・蜂谷1958）。葉や果実などの生産量はリターフォールから推定することができる。リターフォール量の調査は、森林の物質循環や一次生産を解明する上で重要な意義を持っている。これまでにもスギやアカマツなどの人工林をはじめとし、自然林や二次林でも数多くの研究がなされているが、環境保全林での調査・研究はほとんどない。都市域に造成された環境保全林においても林齢や植栽樹種の異なる林分の生産構造を把握することは重要である。ここでは環境保全林のリターフォール量の年変動や季節変化についての調べかたやその結果をまとめてある。

2　調査の方法

調査には養殖用資材網や網戸用のネットを袋状に縫いあわせ、塩化ビニールのパイプ4本で固定した円形のリタートラップを使用する。トラップの大きさは、直径64cm、深さ80cmで、地上1・2mの高さに受け口がくるようにしてある（**写真4・1**）。トラップはランダムに8個ずつ設置し、トラップ間の距離は2～3mである。

写真4.1　リターフォールを集めるリタートラップ

トラップの大きさに決まりはないが、リターフォール量はhaあたりの量で表記することが多いので、換算しやすい大きさがよい。そのためには円形より方形のほうが便利である。例えば50cm四方の方形枠なら6個設置すると、1・5m²の大きさとなり、haあたりにも換算しやすいという利点がある。

回収したリターフォールは、1週間ほど風乾させた後、熱風乾燥機や全自動乾熱滅菌器で充分乾燥させる。リターフォールは、落葉、落枝、花や果実などの生殖器官に区分し、それ以外の虫糞、生物遺体、樹皮などは一括してその他としている。それぞれの乾重量を電子天秤にて測定する。葉や果実・種子など種の区分が可能なものについては種ごとに測定する。

なお、空気が汚れている場所では、落葉に多くの煤塵が付着していることがあるので、リターフォールの選別や重量測定の際にはマスクなどを使用し、防塵対策を心がける。

3　調査場所

環境保全林は都市やその近郊に人工的に造成されることが多く、一般の人が入りにくく、悪戯の可能性も少ないことから調査・研究には適した場所である。

調査地は2か所である。第1の調査地は、標高約60mの丘陵地に位置する横浜市保土ケ谷区の大学構内に造成された環境保全林である。ここは、1976年5月に、高さ0・5～1・2mのポット苗を1～2本・m^{-2}の割合で植栽したところである。苗木の種類は、タブノキ、クスノキ、シラカシ、アラカシである。現在では樹冠はこれら4種によって占められている。1993年の毎木調査によれば、最大樹高13m、最大胸高直径22cmになっている。クスノキは他種より樹高が高く、胸高直径の太いものが多くなっている（原田・矢ケ崎 2016）。また、2017年5月の時点では、樹高20m、胸高直径40cmを超えている個体もいくつか見られた。

第2の調査地は、東京湾の埋立地に位置する川崎市東扇島の火力発電所構内に造成された環境保

表4.1 川崎の調査林分の概況(2001年2月現在)(長尾ほか2003を改変)

樹種	立木密度(本数)	平均樹高(m)	平均胸高直径(cm)	胸高断面積合計(㎠)
タブノキ	27.0	7.3	8.3	1460.1
スダジイ	21.0	8.0	8.6	1219.2
ホルトノキ	7.0	3.8	3.8	79.3
アラカシ	3.0	8.1	5.6	73.9
その他	21.0	5.7	4.7	369.2
合計	79.0	5.9	6.0	3201.7

表中の数字は100㎡あたりの値。再生した個体は除外してある。

全林で、面積は約6haある。調査地の緑地幅は最大約40mである。1984年5月に高さ1m前後のポット苗を1~2本・m^{-2}の割合で植栽を行っている。苗木の種類は、タブノキ、スダジイ、ホルトノキ、ヤマモモ、アラカシ、ウバメガシ、モチノキなどの照葉樹で、現在では樹冠はこれら植栽種によって占められている。

環境保全林内に10m×10mの調査区を設定している。2001年2月現在の林分の胸高断面積合計は、32・0m^2・ha^{-1}である。なお、胸高断面積合計とは、ヒトの胸の高さに相当する地上1・3mの位置において樹木を伐採したときの断面積(πr^2)を合計した値である。したがって、合計値が高いほど太いものが数多く存在していることを示している。胸高断面積合計のうち、タブノキは45・6%、スダジイは38・1%を占めている(**表4・1**)。

4 結果その① 年間リターフォール量

天然生の照葉樹林の既発表資料によれば、年間リターフォール量はhaあたり、水俣市のコジイ林の4・6~8・1t(桐田1971)、徳山市のタブノキ林の6・1~7・8t(上田・堤1977)、熊本市のコジイ林の3・8～6・1t（只木・香川1968、只木1995）や7・7～8・1t（佐藤ほか1993）、宮崎県綾の照葉樹林の8・4～9・0t（佐藤ほか1995）などの報告がある。また我が国の照葉樹林の平均は6・1t（斎藤1981）とされている。tはトン（ton）を意味している。

横浜では8・2～9・9t・ha^{-1}、川崎では5・7～8・5t・ha^{-1}となり（**図4・1**）、天然生の照葉樹林に比べ、横浜や川崎の環境保全林のリターフォール量は若干多くなっている。

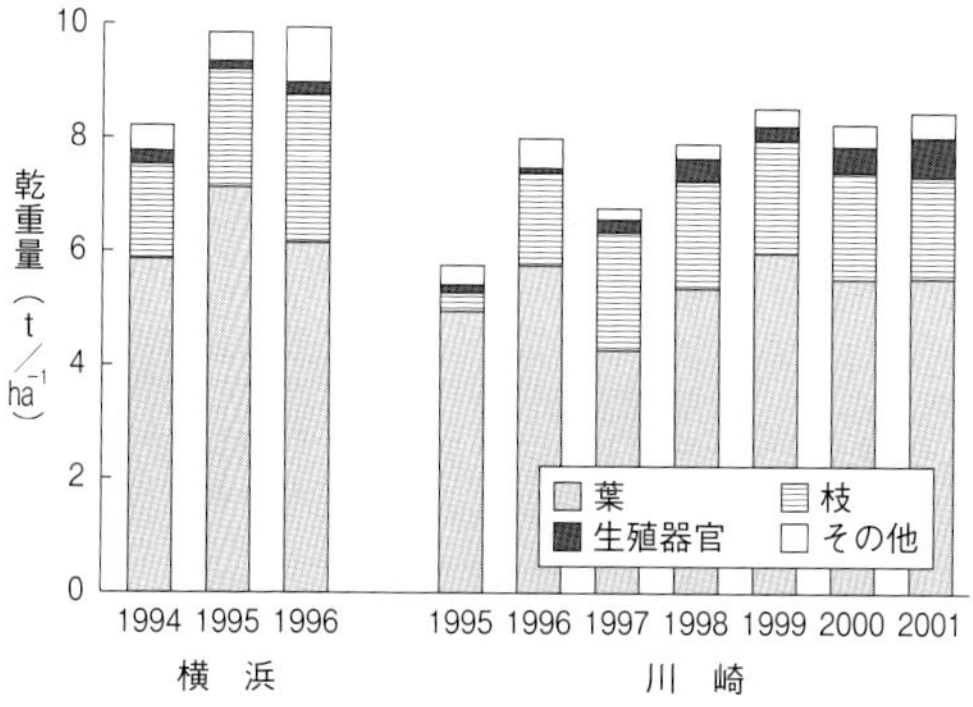

図4.1　横浜と川崎の環境保全林の年間リターフォール量
（長尾・原田 1996；長尾ほか 2003 より作図）

横浜と川崎の両者の相違は、調査当時の林齢（ここではポット苗を植栽してからの経過年数を指す）の違いによるものと推測できる。すなわち、横浜は18～20年生の林齢であるのに対し、川崎では11～17年生の樹林である。一般に20年前後で林分葉量が最大になることが知られている（河原1985）。したがって横浜はすでに最大値に近い値になっているが、川崎はこれから4～5年はまだ増加すると推測される。

川崎の年間リターフォールの内訳を見ると（**図4・1**）、年間の落葉量はリターフォール量の62・9～85・7％占め、リターフォール中、落葉の占める割合が最大である。このことからリターフォール量の年変化は落葉量の年変化に支配され

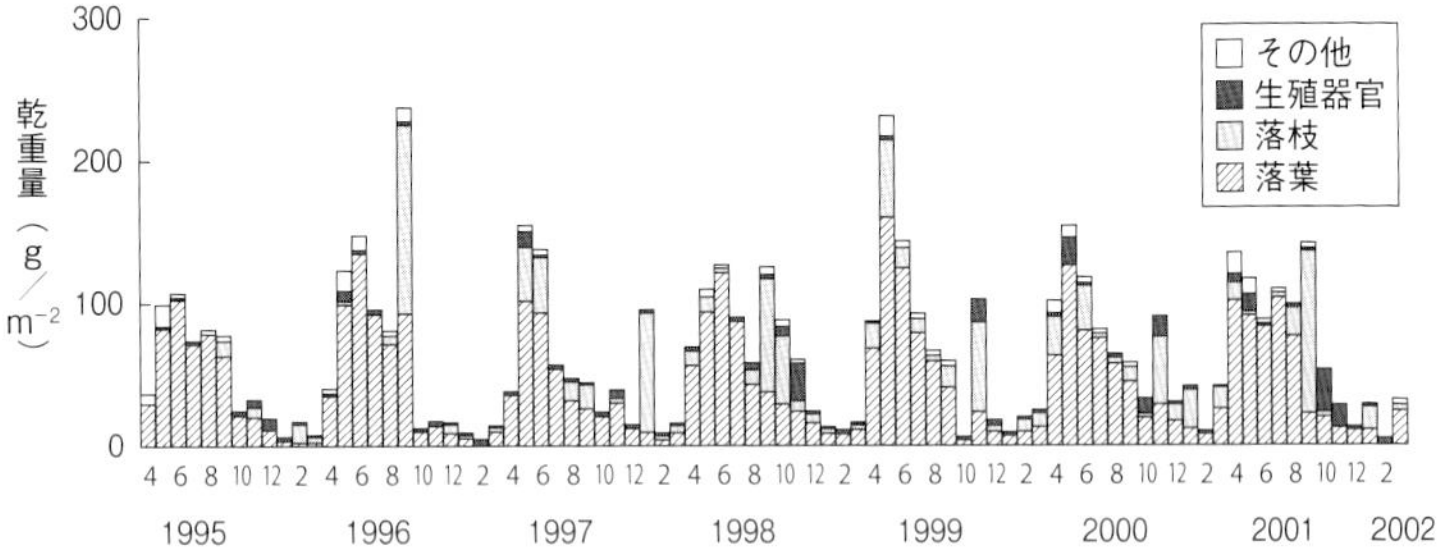

図4.2　川崎の環境保全林における月別リターフォール量(長尾ほか 2003)

るといえる。

落葉量の年変動はリターフォールのパターンと類似傾向を示している。タブノキが落葉量の34・2〜59・8%を占め、次いでスダジイ、ホルトノキの順となり、これら3種で落葉量の82・1〜88・9%を占めている。

5　結果その②　季節変化

月ごとのリターフォール量は、横浜では落下量が4月に急激に増大し、9月まで多量の時期が続き、10月になると急激に減少し、翌年の3月までは落下量が少なくなっている(長尾・原田 1996)。川崎では横浜より1か月遅い5月にリターフォール量が増大し、9月まで高い値を示している(**図4・2**)。

リターフォールの組成は、早春から初秋までは落葉の割合が高く、特に夏季においてその傾向が著しい。

一方、冬季は落枝の占める割合が高くなるが、1996年9月、1998年9〜10月、2001年9月の台風や1997年1月の降雪などによって、落枝量が極端に増大することがある(**図4・2**)。

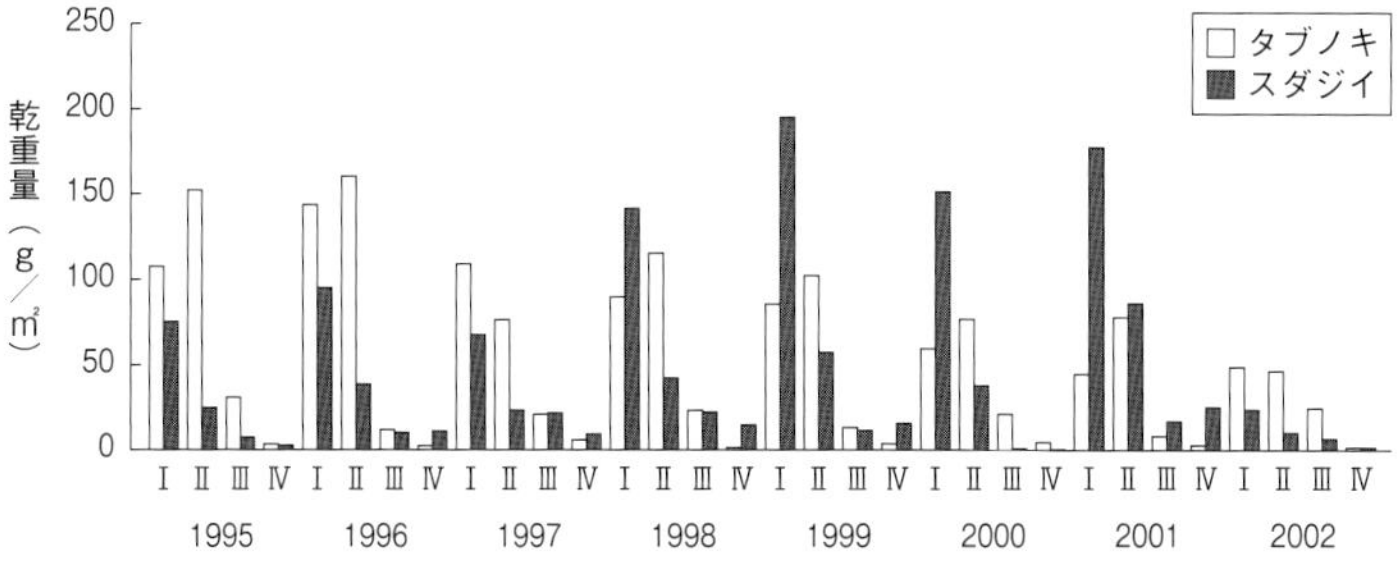

図 4.3　タブノキとスダジイの落葉量の季節変化（長尾ほか 2003）
I 期：4〜6 月、II 期：7〜9 月、III 期：10〜12 月、IV 期：1〜3 月

落枝量は季節的な変化、つまり自然枯死によるピークは認められず、強風や降雪により樹冠内に蓄積されていた枯死した枝が落下し、一時的に落枝量が増加することによるものである。

リターフォール量の季節変化は落葉量の季節変化に支配されているといえる。我が国の照葉樹林では、落葉量が春季に集中することが知られている（只木・香川 1968、斎藤 1981）が、本林分では春季から夏季まで落葉量が多くなっている（**図4・3**）。

造成方法が同一の横浜と川崎のリターフォールの落下パターンを比較すると、横浜では川崎より1か月早い4月からリターフォール量の増加が見られる。この違いは横浜（長尾・原田 1995）と川崎の環境保全林の概況（**表4・1**）からも明らかなように、両林分を構成する樹種の相違に基づくものである。横浜では4月に葉を落下させるクスノキが優占していることによる。タブノキとスダジイが優占する川崎では、5月にリターフォール量が増大して晩夏まで多く、10月に減少している。多種の照葉樹からなる環境保全林は、その構成樹種によりリターフォール量の季節変化が微妙に異なっている。

6　結果その③　落葉量

落葉の季節変化を樹種別に見ると、タブノキは春から夏に、スダジイは春に多く落葉し、落葉の季節が樹種により微妙に異なっている。もう少し詳しくみるため、1年を4〜6月（Ⅰ期）、7〜9月（Ⅱ期）、10〜12月（Ⅲ期）、1〜3月（Ⅳ期）に区別してその量を調べると、スダジイはⅠ期に落葉が集中し、タブノキはⅠ期からⅡ期まで落葉が持続していることがわかる（**図4・3**）。同じ照葉樹でも樹種により落葉の時期が異なることを示している。

一般に照葉樹では春に新芽が出始めると、それと交換しながら落葉する。そのために4月から5月に落葉のピークを迎えることが多い。

7　落葉の分解の調べかた

樹木は光合成を行い生長した後、古くなった葉や枝などをリターフォールとして林床に落下させる。林床に落下した葉や枝は土壌動物や微生物により分解・無機化され、再び植物に吸収され、有機物に再合成される。森林生態系はこのような物質循環によって維持されている。

そこで環境保全林の物質循環のうち、落葉の分解過程と年間あたりの分解率が葉の種類、季節などの違いによってどのように異なるかを調べる方法である。

なお、ここでの分解は、落葉が風雨などの影響により砕片化される物理的分解、土壌動物の摂食により破砕される機械的分解、微生物による科学的分解を特に限定していない。

8　調査の概要

(1) 調査場所

調査地は、横浜市保土ヶ谷区にある大学構内に造成された環境保全林である。調査地の詳細については81頁を参照願いたい。

(2) 調査の方法

調査方法は、葉を入れた網袋（リターバッグ）を林床に設置し、2週間、1か月、1年などの一定期間後にリターバッグを回収して葉の残存量を測定するというリターバッグ法を使用している（**口絵⑨参照**）。

実験に用いたリターバッグは、網目が18メッシュ／インチの養殖用網を25cm×25cmに切り取り、2枚を4～5cmの間隔をあけてステープラーで留め、葉がリターバッグからこぼれない程度に隙間をつくってある。この隙間は、ミミズやダンゴムシなどの大型土壌動物がリターバッグ内に侵入できるようにしておくためである。番号札に樹種名や番号を付記したものを付け、リターバッグの識別が可能になるようにしてある。林床に堆積したA_0層（有機物層）を取り除き、土壌の上面にリターバッグを置き、取り除いた堆積有機物をその上に被覆している。

リターバッグ法による実験は、常緑広葉の残存量を1年間測定する長期実験と、季節ごとに常緑広

写真4.2　夏季におけるスダジイの葉の分解の様子
上段左：設置時、上段右：2週間後、
下段左：4週間後、下段中：6週間後、下段右：8週間後

葉の残存量を測定する季節実験（夏季、秋季、冬季）を行なっている。

調査地から回収したリターバッグは実験室に持ち帰り、葉を取り出し、葉に付着している土粒や菌糸などを筆やピンセットなどを使って、1枚1枚丁寧に取り除く。その後、設置前と同じ乾燥方法で乾燥させ、電子天秤にて乾重量を測定している。

9　結果その①　常緑広葉の長期分解実験

常緑広葉の長期分解実験では、調査地から2～3か月ごとに1種につき2～4袋ずつ回収し、残存率を計測した。積算温度は日平均気温を積算したもので、横浜地方気象台のデータを使用している。

タブノキ、クスノキ、アラカシ、シラカシの4種の常緑広葉各2g（2・00～2・07g）を試料としている。種類ごとの葉の枚数は、タブノキが7枚、クスノキが8枚、アラカシが7枚、シラカシが10～11枚である。なお、試料の葉は林床に堆積している落葉を採取し、全自動乾熱滅菌器を用い、100℃で24時間乾燥滅菌させたものを用いた。これらを種類ごとにリターバッグに入れ、A_0層とA層との間に設置し、2～3か月ごとに1種につき2～4袋回収している。

重量残存率、1か月あたりの重量減少率、積算温度を**図4・4**に示してある。ここでは、リターバッグを6月に設置し、8月、10月、1月、4月、6月の計5回、回収をしている（**図4・4**）。1年経過した時点での重量残存率は最も分解の進んだクスノキで20・8%、次いでシラカシの25・0%、アラカシの28・3%、タブノキの52・6%の順となり、樹種により異なっていた。4種に共通していることは、最初の2か月間の減少率が、1か月あたり11・3～17・6%と最も大きかったことである。しかし、その後は徐々に減少率が下がり、8～10月では1か月あたり6・1～11・1%、10～1月および1～3月（回収が

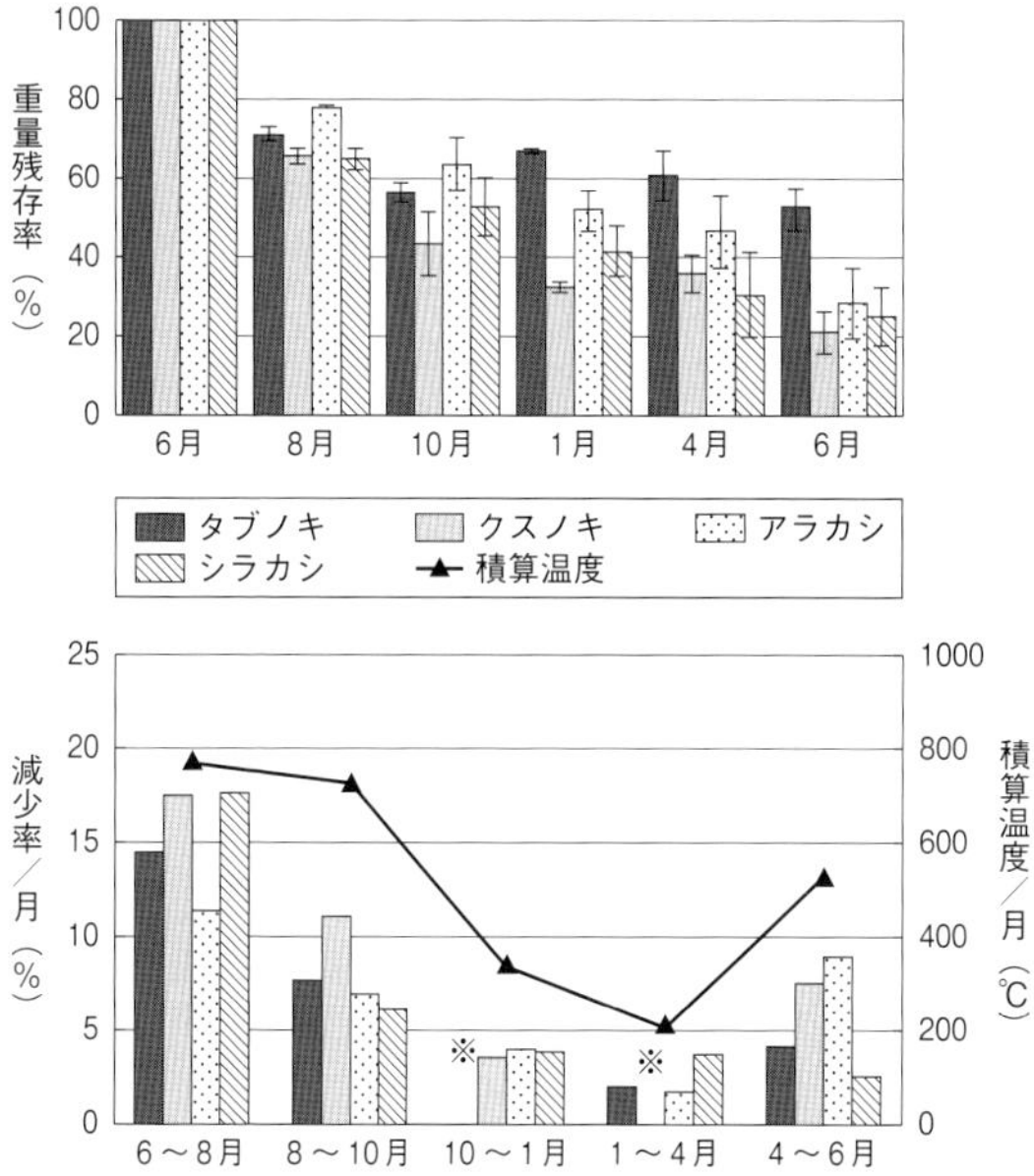

図4.4　横浜の環境保全林における落葉の分解（木村・原田 2003）
上：重量残存率、下：1か月あたりの重量減少率と積算温度
エラーバーは標準偏差を示す。
10～1月のタブノキと1～4月のクスノキの減少率は0%。

4月のはじめのため）の期間はどの樹種も4％未満であった。4〜6月になると2・6〜9・0％となり、冬季に比べて分解が進んでいる。なお、サンプルエラーのため、タブノキは10月よりも1月、クスノキは1月よりも4月の重量残存率が多くなっている。

減少率と積算温度との関係を見ると、4種ともに気温の高い時期に分解が進み、気温が低くなるにしたがい、減少率も低下している。分解に関わる土壌動物や微生物などの活性は気温に左右され、気温が高いほど分解が進みやすいことが知られている（堤 1960）。ここでも気温の高い時期に分解され、低温期にはほとんど分解が進んでいないことがわかる。

10 結果その② 常緑広葉の季節実験

タブノキ、スダジイ、アラカシの3種の常緑広葉を用い、夏季、秋季、冬季の短期間の分解実験を行った。6月に生木から採取した葉を乾熱滅菌器で24時間乾燥させたものを試料としている。それぞれ2g（2・00〜2・07g）を試料とした。種類ごとの葉の枚数は、夏季はタブノキ9枚、スダジイ9枚、アラカシ8枚である。秋季はタブノキ5枚、スダジイ9枚、アラカシ7枚である。冬季はタブノキ7枚、スダジイ10枚、アラカシ9枚である。これらをリターバッグに入れ、夏季は7月、秋季は9月、冬季は12月にA_0層と土壌との間に設置し、2週間ごとに8週間まで1種につき3袋ずつ回収している。

夏季は、8週間後の重量残存率はタブノキが54・7％、スダジイが49・8％、アラカシが59・0％

である。3種とも、最初の2週間は22・3〜27・3％と大きく減少し、その後の6週間は緩やかな直線的減少を示している。2週間ごとの減少率は4・3〜9・3％である。2週間ごとの日平均気温は24・5〜28・3℃と高く、8週間の実験期間中の平均気温は26・6℃である。

秋季の8週間後の残存率は、タブノキが69・3％、スダジイが67・0％、アラカシが68・8％となり、樹種間の違いはほとんど認められない。3種とも、最初の2週間は減少率が23・9〜25・0％と夏季と同じくらい高いが、その後は2週間ごとの減少率は0・0〜5・6％と、夏季よりも分解が進んでいない。2週間ごとの日平均気温は最初の4週間は17・7〜20・6℃で、それ以後は11・4〜12・1℃である。実験期間中の平均気温は15・5℃で、夏季よりも11℃低くなっている。

冬季の8週間後の残存率は、タブノキが89・5％、スダジイが80・1％、アラカシが88・3％である。最初の2週間の減少率はタブノキが3・9％、スダジイが8・7％、アラカシが7・2％であるが、その後はほとんど分解が進んでいない。2週間ごとの日平均気温は5・3〜7・2℃、実験期間中の平均気温は6・0℃で秋季よりもさらに9・5℃低くなっている。

実験期間が8週間と短いため、樹種による相違は大きくはないが、スダジイの分解速度が多少速くなっている。常緑広葉3種の重量残存率の平均値を**図4・5**にまとめてみると、夏季と秋季は2週間後には残存率は75％前後となっている。その後、減少率は低下したが、一定の割合で分解は促進され、特に夏季で大きくなっている。

一方、冬季は2週間後に残存率が91・3〜96・1％と分解は進まず、その後もほとんど重量の減少

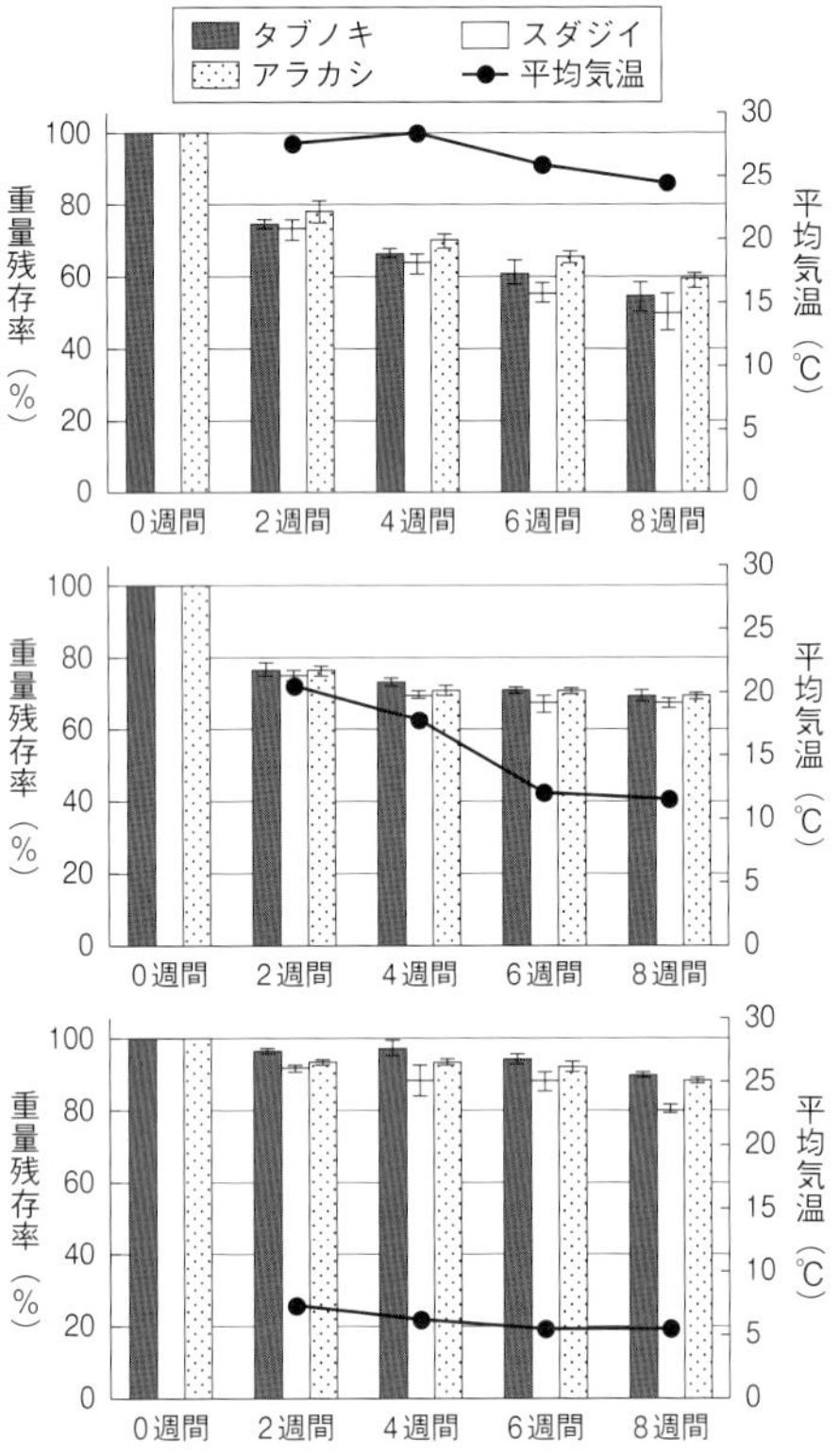

図4.5　常緑広葉樹3種の季節による落葉の重量残存率と平均気温（木村・原田 2003）
上：夏季、中：秋季、下：冬季
エラーバーは標準偏差を示す。

は見られない。平均気温と比較すると、気温の高い夏季に分解が進み、低い冬季には分解が進まなかったことがわかる。また、秋季では夏季と冬季の中間の分解速度を示している。これらのことから、気温は分解速度を決定する大きな要因であるといえる。

11　落葉の管理についての一考察

環境保全林では自然林よりも林床に供給される落葉量が多いため、分解が追いついていないのが現状である。環境保全林の造成形態として、常緑広葉樹を高い密度で植栽するため、少しでも日光を得ようとして、苗木は上への伸長生長を発達させる。さらには将来的に高木層を形成する生活型を同じにする樹種が多く植栽されるので、競争は一層激しくなる。

ポット苗を植栽してから5～6年経つと、高木候補の樹種が枝葉を拡げ、植被率はほぼ100％になる。そうなるとこれらの枝葉が日光を遮り、地表近くまで日光は届かなくなり、林床は暗くなる。こうなると、林内に鳥が運んできた種子も光不足のため、発芽・生長が困難となる。

さらには常緑広葉樹の葉は分解に時間がかかる。その結果、未分解の落葉が林床に厚く堆積することになる。この落葉の蓄積空間に運ばれてきた種子が閉じ込められ、定着できないのではないかと考えている。ドングリのように栄養分をたっぷり持った種子なら、たとえ落葉の間に埋もれても、栄養分を使いながら芽や根を伸ばし、根を土壌まで伸ばしていくことが可能である。ところが、栄養分の少ない小さな種子では、落葉の間に閉じ込められてしまうと、自力で根を土壌まで伸ばす前に力尽きてしまう。小さな種子では一時も早く、根を土壌まで到達させなければならない。

このような野外実験は行ったことがないので、右のような解釈が正しいかどうかは今のところ不明である。環境保全林内の一区画に落葉を一部除去したところを作り、特に草本植物の侵入状況などを調べてもらいたい。簡単にできる作業である。それによって落葉の管理についてのヒントが得られるだろう。

第2章の「植生による環境保全林の自然性の評価」のところで自然性回復の指標植物とした常緑多年草、シダ植物、つる性常緑木本植物、常緑植物などの種数とも関わりを持つので、その結果は両者に利用することができる。

●コラム５　環境保全林のキノコ

横浜市保土ヶ谷区の大学構内に造成された照葉樹環境保全林は、40年前に１m未満のポット苗を植栽したところ、今では樹高20mまでに生長している。

20年くらい前の樹高がまだ10mに満たないころである。林床に厚く堆積したタブノキ、クスノキ、シラカシ、アラカシの落葉をかき分けるようにして鮮やかな紫色をしたキノコが出現してきた。かさの径は５cm前後の大きさで、まんじゅう型をしている。

落ち葉をめくると、紫色をした菌糸もみえ、落葉を白く腐らせているのも観察できる。手で軽くゆするだけで簡単に採れる。鮮やかな紫色をしているキノコはそう多くはないので、落葉腐朽菌のムラサキシメジであることはすぐに判定できた(**口絵**⑥参照)。

煮物、炒め物、おろし和え、味噌汁の具としてどれも美味であった。環境保全林内ではこのキノコが一番美味しかったが、大学構内の他の植生からはナラタケやエノキタケなどもっと美味とされるキノコも見つかっている。スダジイの根元に生えたマイタケは別格である。

大学構内からは毒キノコがまだ見つかっていないと何かに書いた記憶があるが、その後、テングタケ、ウスキテングタケ、ニガクリタケなどの毒キノコが見つかっている。

関東地方の照葉樹環境保全林内では、カワラタケ、マンネンタケ、エリマキツチグリ、ノウタケ、ホコリタケ、スッポンタケなどのヒダナシタケ類や腹菌類の仲間が多くみられる(**口絵**⑥参照)。

第５章　環境保全林のはたらき

1　環境保全林のはたらき

森林は多面的な働きを保有しており、私達人間もその様々な機能を享受している。環境保全林を創造することによって、以下のような機能を新たに生み出すことができる（原田・石川 ２０１４）。
⑴ 空気中の汚染物質を吸着し、大気を浄化する効果
⑵ 温度較差を減少し、気温を緩和する効果
⑶ 防音、防火、防風、防砂などをはじめとする様々な遮断効果
また、環境保全林を対象とした詳細な研究事例はないが、水源涵養機能、雨滴エネルギーを減少させて表層土の侵食を防止する機能、視線誘導効果、教育活動やその材料を提供する場としての役割なども期待できる。さらに、生長した環境保全林内では、鳥類や昆虫類、爬虫類の姿や営巣等が数多く観察されており、生物多様性保全への貢献も期待することができる。

ここでは、環境保全林に期待される様々な機能のうち、私たちの生活環境に関連する大気を浄化する機能や気温の緩和機能、防音機能、生命や財産を守るための樹木の防火機能について取り上げる。

2　大気を浄化する機能

私たちが暮らす地上の空間には、目に見えない微細な物質を含めて様々な浮遊物が漂っており、こうした物質の影響で建物や窓ガラスが汚れることがある。また、気がつかないうちに口や鼻、目から体内に入り込み、健康に害を及ぼす危険性もある。

樹木には衝立として様々なものを遮蔽する機能がある。この内、樹木の葉や枝がフィルターとして働き、大気中に漂う塵や埃を吸着・捕捉して大気を浄化する機能は、工場立地や車の通行量が多い道路沿いなどに造成される環境保全林の機能として大きな役割が期待されている。なお、環境保全林の枝葉に付着した煤塵は、降雨によって洗浄され土壌へと流下する。また、落葉と新たな開葉によっていわゆるフィルター交換が自動的に繰り返される（蛭田ほか ２００５）。樹木が生長し着葉量が増えると、煤塵を捕集し大気を浄化する働きも増大する。

⑴ 調査の方法

道路沿いや工場付近に生育する環境保全林内の葉を採取し、水に浸けながら筆で付着物をビーカーに洗い出す。事前に濾過用の濾紙の重さを測っておき、洗浄後のビーカー内の汚れた水を濾紙で濾過する。煤塵が付着した濾紙を十分に乾燥させた後に再び濾紙の重量を測定し、増加分を葉が吸着した煤塵の重量として記録する。また、樹種別に平均的な大きさの葉を5枚程度選び、それらをコピーして５㎜方眼紙に影を透かしながら葉の面積を算出することによって、樹種ごとの単位葉面積あたりの吸着量を比較することができる（森重・原田１９９７）。

(2) 環境保全林での実例

川崎市の火力発電所構内に造成された環境保全林において、葉面に付着する煤塵量を測定している。調査地は首都高速湾岸線に面しており、交通量が多く周辺には工場も多く存在している。地上１～２ｍの位置にあるスダジイ、タブノキ、モチノキ、マテバシイ、アラカシの５種の生葉を樹種ごとに任意に１００枚ずつ採取した。これらの葉を水に浸けて書道用の筆で１枚ごとに付着物を洗浄した。１００枚の葉を洗浄した後の汚濁水は、事前に重量を測定した濾紙で濾過した（**口絵⑩**）。煤塵が吸着した濾紙を２週間風乾させた後に重量を測定している（森重・原田１９９７）。

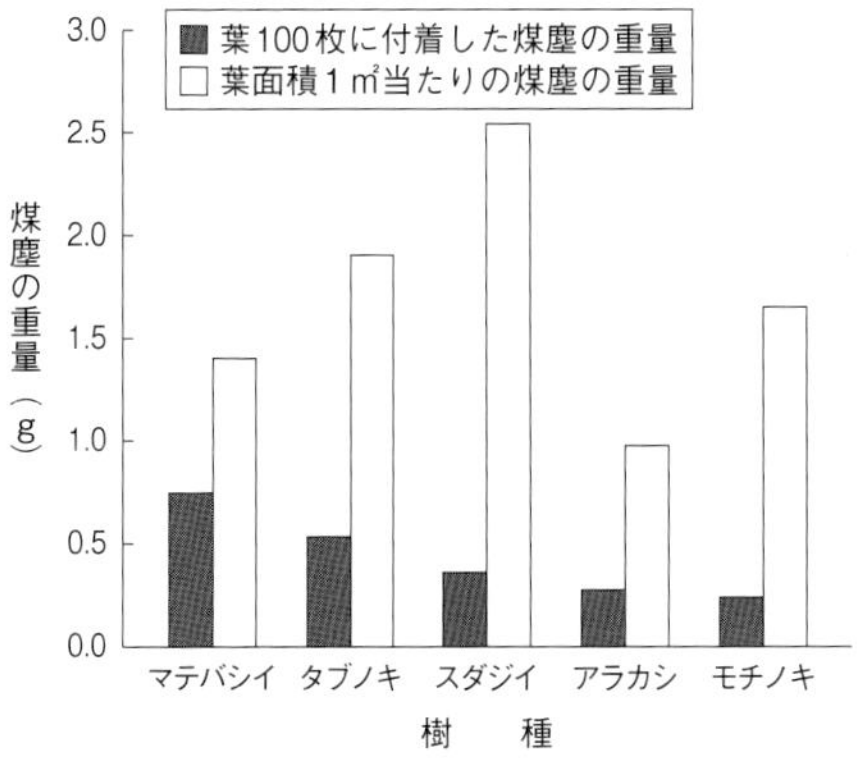

図5.1　葉面に付着した煤塵量の比較
（森重・原田 1997より作図）

　その結果、１００枚あたりの葉に付着していた煤塵量は、マテバシイ（0・74ｇ）、タブノキ（0・53ｇ）、スダジイ（0・36ｇ）、アラカシ（0・27ｇ）、モチノキ（0・23ｇ）の順となり、葉の面積が広いマテバシイやタブノキで付着煤塵量が多い。これらを、葉面積１㎡あたりの煤塵量に換算すると、スダジイ（2・55ｇ）、タブノキ（1・90ｇ）、モチノキ（1・65ｇ）、マテバシイ（1・40ｇ）、アラカシ（0・97g）の順となり、樹種により煤塵付着量は異なっていることが明らかになっている（**図5・1**）。ただし、生育している場所によっても付着量は異なると考えられるので、必ずしもスダジイの単位面積あたりの煤塵吸着力が優れているとは判断できない。なお、樹木の上層部の付着量よりも下層部の葉の付着量の方が3～5倍程度多いことが明らかになっている。これは、上層部の葉に付着した煤塵が降雨により下方の葉群に捕集されることによるものであるという（森重・原田 1997）。

3 気温を緩和する機能

我が国の都市域では、ビルやマンションの建設、太陽光の反射、人工排熱の増加、地表面被覆の人工化などにより、局所的に気温が上昇するヒートアイランドの発生が報告されている（環境省 2013）。その一方で、公園や緑地などの樹林域では、緑の存在しない場所に比べて日中の気温が低減されることが確かめられている（丸田 1974）。植物の存在が気温を低減させる機能には、太陽光を遮蔽するほかに葉の水分が蒸散する際の気化熱によって温度を下げる働きが関係している。さらに冬季の樹林内は、樹林外に比べて気温が低下しにくい傾向もある。

緑地が存在しない場所に環境保全林を造成することによって緑陰が形成され、太陽光の直射を遮り、葉の蒸発散作用などによって夏季の気温や地温、湿度を緩和する効果が期待できる。

(1) 環境保全林での実例

横浜市保土ヶ谷区の大学構内に造成された植樹後15年を経過した環境保全林において、地上1・5

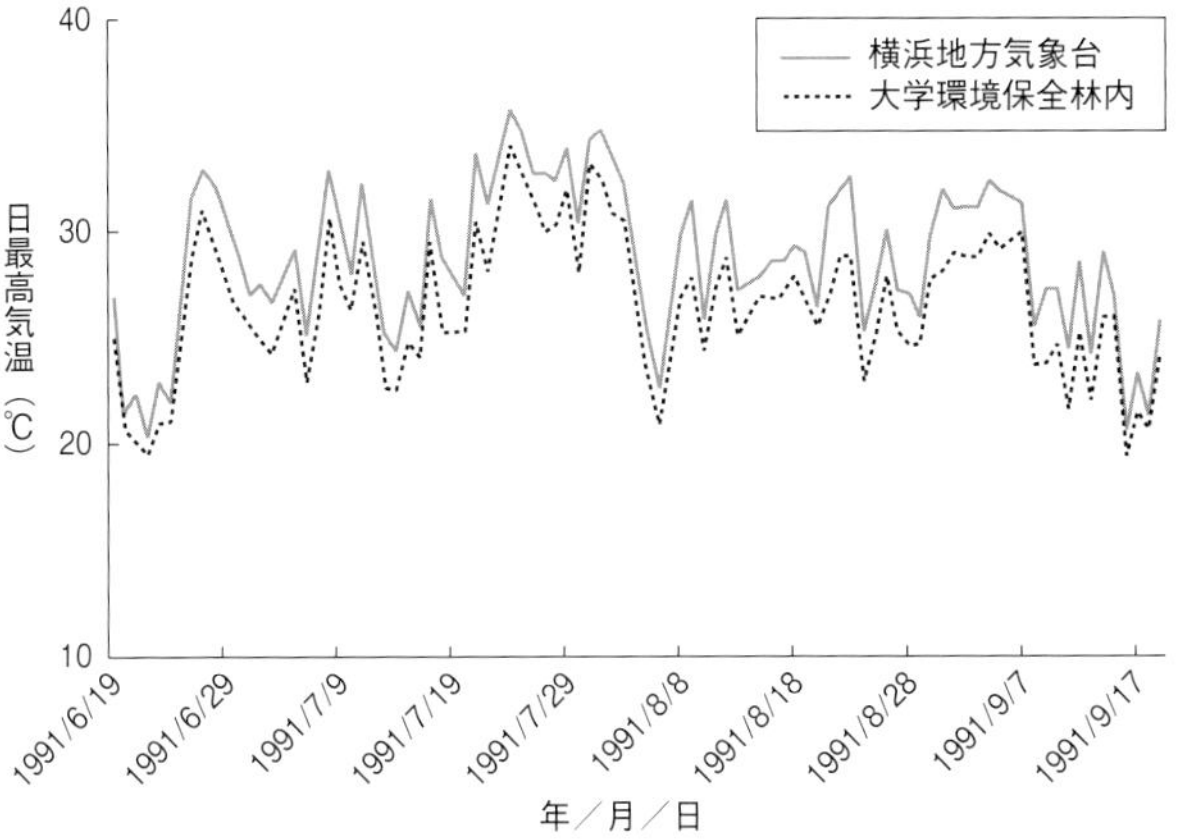

図 5.2　横浜地方気象台と横浜の大学環境保全林内の日最高気温の比較
（1991年6月19日～1991年9月19日）（原田・村上 1992と気象庁ホームページより作図）

mの位置の樹幹に温度センサーをガムテープで固定し気温を測定している。測定器はコーナシステム㈱のKADEC－Uにサーミスタ温度センサー（KAC－S1）を接続したものを使用している。測定は1991年6月18日より開始し、同年9月20日まで連続して行われている（原田・村上1992）。なお、この調査では、環境保全林外で比較対象となる測定が行われていないため、この93日間の測定結果と大学の南東約6㎞に位置する横浜市中区横浜地方気象台で観測された同期間の気温と比較している（**図5・2**）。

その結果、大学環境保全林内の気温は平均値で2・2℃、最高気温値で1・4℃、また、同一日における最高気温では4・3℃も低い値を示している。さらに、気温30℃以上を記録した日数は、横浜地方気象台で37日間、環境保全林内では14日間となっている。この結果から、環境保全林によって形成された緑陰空間では、夏期の気温を緩和する効果が十分に期待できる。

4　防音・減音機能

樹林の中に入ると周囲の騒音が気にならなくなることがある。これは枝葉が騒音を反射・吸収するためと言われている。ここでは、樹林が音を低減する機能を取り上げる。環境保全林を造成することによって生活環境を改善する防音効果が期待される。

(1) 調査の方法

不快と感じる音（騒音）を定量的に把握するには、一般的に音圧を測定してデシベル（dB）で表す。音がない時に比べて音があると空気中の圧力が変化するため、この圧力の変動を騒音計や騒音計測メーターと呼ばれる測定器により計測する。なお、デシベルとは成人が聞くことのできる最小の音圧（20マイクロパスカル）を基準として何倍の大きさであるかを表示したものである。都市域における騒音レベルとしては、自動車の警笛110dB、電車ガード下や地下鉄の車内90～100dB、交通量の多い道路70～80dB、TV・ラジオの音60～70dB、木の葉がそよぐ音20dBなどの測定例がある（前川・岡本2003）。なお、騒音は音源から遠ざかるとそのエネルギーが減衰するが、森林の防音機能は、この距離による自然減音効果を差し引くことで算出することができる。

(2) 環境保全林での実例

横浜市鶴見区に造成された環境保全林は、幅7・5m、高さ約1・4mのマウンド（土塁）上にタブノキやクスノキ、シラカシなどが植栽され、林縁部はネズミモチやオオムラサキの植え込みとなっている。調査当時の樹高は約13ｍ、立木密度は１・７本／㎡である（**写真５・１**）。ここで防犯ブザーを音源とし、ケニスデジタル騒音計３２２を用いて音圧レベルの測定を1分間行っている（Ａ特性、ＦＡＳＴモード（1秒間に1回記録））。騒音計は、音源側の地面から１・２ｍの高さに三脚で固定し、環境保全林を挟んで反対側にも同様に設置してある。これを任意の3地点において計測している。また、距離による減音効果の測定は、環境保全林やマウンド、その他の遮蔽物が存在しないオープンスペース（地面はアスファルト舗装および砂利）で、同様の計測機器を用いて測定している（阿部・原田２００８）。

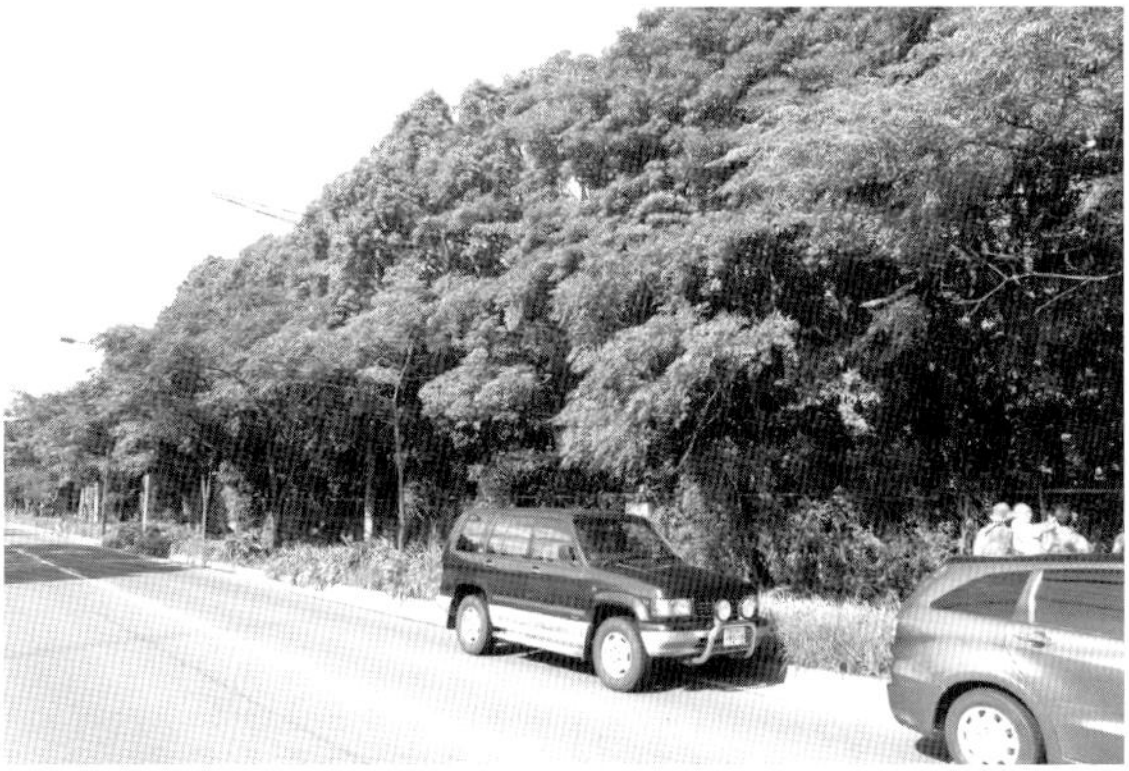

写真 5.1　横浜市鶴見区に造成された環境保全林

その結果、音源側3地点の平均値は93・94dB、環境保全林を挟んで反対側3地点の平均値は62・67dBとなり、その差31・27dBの減音が認められる。一方、マウンド幅７・５ｍに対応する距離の減音効果は16・00dB（87・47db－71・47db）であることから、距離効果を除いたマウンドを含む環境保全林造成地には、15・27dB（31.27db－16.00db）の減音効果があるとされる（阿部・原田２００８）（**図５・３**）。

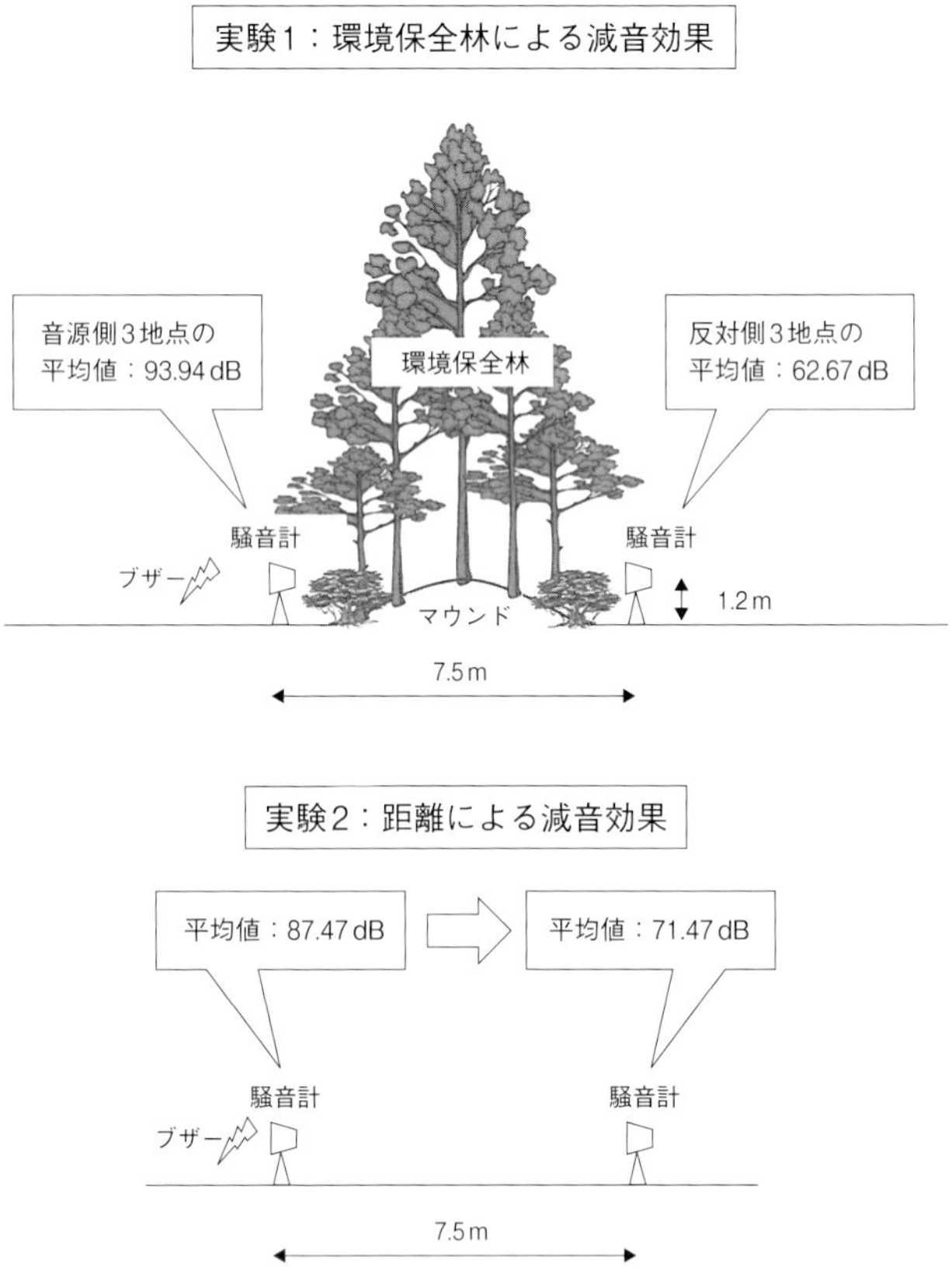

図 5.3　環境保全林の防音機能に関する実験の模式図と測定値
（阿部・原田 2008 より作図）

なお、その他の計測事例では、約30年生のマウンドの無い幅員5・5mの環境保全林では6dB程度、同じく約30年生で幅員10～15mでは、5～8dB程度の減音効果があることが報告されている（オボリほか2009）。環境保全林による減音効果は、植栽樹種やマウンドの有無、立木密度、胸高断面積、階層構造、葉群密度などの違いにより異なっている。

5　防火機能

樹木には緑の壁としての遮熱効果が期待できる。樹木そのものは可燃物であるが、生葉にはおよそ50～80％の含水率があり、それ自体の難燃性・耐火性によって延焼防止・遅延効果を発揮している。関東大震災や阪神淡路大震災では、樹木の防火機能によって、公園や広場、社寺など避難場所の安全性を高めたことが報告されている（田中１９２３、日本造園学会阪神大震災調査特別委員会１９９５ほか）。しかし、樹木の防火機能を定量的に検証するために、過去の甚大な災害を同じ条件で再現したり現実に存在する避難場所で火災実験を重ねることは困難である。また、炎の燃焼性や被災地の立地条件、災害時の気象条件、存在する樹種や樹形は様々であることなどから、都市火災を再現した防火実験の設計にも多くの限界が存在する。一方、東日本大震災以降、自然災害を記録した古文書や津波被害を刻んだ石碑等の存在が見直され、過去の災害を地域防災に活かそうとする試みが進められている。踏査による詳細な災害記録は史実として大きな意味を持ち、現代・未来への災害教訓として重要な示唆を与えている。ここでは、先ず関東大震災や阪神淡路大震災における災害跡地の調査記録に基づいて、避難場所として防火機能を発揮した緑地や樹林の構造・形態・樹種に関する記述を抽出している。続いて、防火樹としての適性を調べる一助として、樹葉含水率の測定方法とその結果、樹葉の難燃性に関する簡易実験を紹介する。さらに、限定された条件下ではあるが、実験棟内で行われた火災実験に基づき、環境保全林に期待される防火機能について考えてみたい。

(1) 被災地の記録、災害誌等に基づく評価

都市における樹木の防火機能は1923年(大正12年)に発生した関東大震災直後の被害調査によって注目を集めた。木造建築物の延焼を防ぎ、空地とともに避難場所の安全性を高めた要因として樹木の存在が挙げられ、防火機能の高かった樹種としてイチョウやシイノキ(スダジイ)、サンゴジュ、ユズリハ、ツバキなどが記録されている。また、高木にシイノキやシラカシ、低木にアオキ、ヤツデなどが植栽されている樹林帯は、防火能力が著しく高いと評価されている。シイノキやタブノキなどが密生するマウンド(土塁)と煉瓦塀に囲まれた清澄庭園では、火災から逃れた2万人余の避難者を収容したことなども記述されている(河田・柳田1924、諸戸1925、田中1923)。

1995年(平成7年)1月に発生した阪神淡路大震災では、公園に植栽されたクスノキなどによる延焼防止効果に加え、樹木が支えとなった建築物の倒壊防止効果も見直された(日本造園学会阪神大震災調査特別委員会1995)。

福嶋・門屋(1989)は、これまでに評価された樹種ごとの防火性(大・中・小・危険)を基に、緑地の構成樹種と階層構造を加えて都市公園の避難場所としての安全性を評価している。

今日、日本各地の社寺仏閣に現存する樹木や文化財として指定されている大木の中にも、大火に耐えて焼け残ったものや災害時に建物の延焼を喰い止めたとされる地域固有の樹木があり、地域防災教育の貴重な資源として積極的に活用したいものである。

(2) 樹葉含水率

植物の葉は火熱を受けた際、水蒸気を放出して葉の温度が上昇するのを防いでいる。関東大震災の火災発生時に、浅草寺のイチョウが水を吹いて木造建築物の延焼を防いだという言い伝えもある。樹木の葉の燃え難さは、樹葉に含まれる水分量で比較することができる。この水分量を比較するには、生葉を採取してただちに重量を計測し、完全に乾燥させた後に再び重量を計測して求める。乾燥による重量減は水分だけではなく、微量の油分などもあるが、ここではその大部分は水分とみなしている。加熱乾燥式重量計などの機器を活用すると、検体の大きさにもよるが比較的短時間(概ね5～10分程度)に樹葉含水率を測定することができ、合わせて水分減少速度も表示される(**写真5・2**)。既存資料および筆者が測定した樹種別の含水率を**表5・1**にまとめてある。防火樹として活用されているイチョウやサンゴジュは高い含水率を保持しているが、関東大震大火災時に高い防火機能を発揮したとされるスダジイやシラカシは必ずしも含水率の高い種ではなかった。含水率は同じ樹種でも個体や部位ごと、また、測定する季節によって

写真5.2　加熱乾燥式重量計を用いた樹葉含水率の計測

表5.1　主な樹種の樹葉含水率の比較

	樹　種	平均含水率(%)	データ数
常緑樹	アオキ	70.4	9
	サンゴジュ	69.5	12
	ヤツデ	68.4	8
	ネズミモチ	64.3	8
	ヤブツバキ	61.5	10
	トベラ	61.4	5
	ヒサカキ	61.0	4
	サザンカ	60.8	8
	モチノキ	60.6	7
	クスノキ	59.7	11
	ヤマモモ	58.8	5
	タブノキ	57.7	3
	シラカシ	54.2	8
	スダジイ	53.2	9
	アラカシ	53.1	7
夏緑樹	イチョウ	73.7	11
	ヤマモミジ	64.4	3
	ソメイヨシノ	61.7	5
	エノキ	56.3	3
	ケヤキ	55.7	7
	コナラ	52.9	3

林 2009；平林 1944；飯島ほか 2000；井上・中元 1951；石田・斉藤 2001；岩河 1984；岩崎 2005；木村・加藤 1949；中村 1999；中村 1948；佐藤 1944から一部改編して作成。

大きく変動することもあるが、複数の定量的な測定結果に基づいて樹種ごとの傾向を把握することは可能である。なお、樹葉の発火と含水率の関係について石田・斉藤（2001）は、含水率が20％以下になると接炎に対する引火が認められるようになり、10％以下になるとほとんどの樹種が引火すると報告している。したがって、通常多くの健全な樹種では生葉に火を近づけてもただちに引火燃焼することは少ない。

防火樹としては、年間を通して樹葉含水率が高く燃えにくく、加熱されても水分減少速度が緩やかな樹種が適していると思われる。落葉広葉樹には含水率の高い樹種もあるが、秋から春にかけて葉をつけていないため、この期間の防火機能は著しく低下する。したがって、常緑広葉樹林を極相とする地域では、含水率の高いアオキやヤツデ、ヤブツバキ、タブノキなどの樹種からなる複層の環境保全林を形成することによって防火機能の高い樹林を創り出すことができる。

(3) 葉の燃え難さ

樹木の防火機能に関する研究報告によると、火災の延焼を防ぐなど防火機能が高いと評価されている樹種と発火しやすく危険であると分類されている樹種がある(福嶋・門屋 1989、農林省林業試験場 1971)。

そこで、環境保全林に導入されている種を含む数種類の樹種を対象として樹葉の難燃性について簡易な比較実験を行った。なお、難燃性とは、火熱に対する樹葉の燃え難さを指し、炎を上げて燃え始める有炎発火までの時間が長い樹種をここでは難燃性が高いとしている。

(a) 実験の方法

病害虫等による枯損のない健全に生育している樹木から、樹種ごとに大きさや厚みが平均的と思われる葉を採集する。ただし、ササやヒノキなどの葉は1枚単位ではなく、他の樹種の葉1枚の重さと同程度となるようにまとめて採集した。ここでは、ササ、スギ、ヒノキ、ヤブツバキ、クスノキ、イチョウ、サンゴジュの7種類の葉を実験に用いた。

ガスレンジの金属製の台(五徳)の上に焼き網をセットし、バーナーの火が焼き網に達しない程度の小さな炎を維持した状態で、異なる2種の葉を同時に焼き網の上に置き、発煙・発火・燃焼状況を繰り返し比較した(**写真5・3**)。実験前に、採集した葉の含水率を加熱乾燥式重量計により測定した結果、概ね**表5・1**の平均含水率に近い値を得た。なお、ササの葉の含水率は51・7%であった。

写真 5.3　ガスレンジによる樹葉の難燃性に関する実験

(b) 実験の結果

樹葉を焼き網の上に設置した直後から葉の形状が丸まり、黒変して部分的な有炎発火が連続的に観察された樹種はササであった。なお、ササの葉の含水率は実験に用いた7種の中では最も低い値を示していた。スギやヒノキは、焼き網の上に設置するとただちに白煙を上げてパチパチと弾くような音を立て始め、数か所で部分的な有炎発火が発生した後、炎を立ち上げ周辺部へと燃え拡がることが多かった。一方、イチョウや常緑広葉樹のヤブツバキ、サンゴジュは葉の縁の部分で無炎発火（炎を上げない燃焼）が観察されるものの、ササやヒノキの葉の炎が終息しても有炎発火に至らない場合が多かった。なお、クスノキの場合は、焼き網に設置すると白煙を上げて葉が黒ずみ始め、引き続いて、比較的大きな炎を立ち上げて燃焼する場合が多く観察された。

実験の結果からササやスギ、ヒノキ、クスノキに比べてイチョウやヤブツバキ、サンゴジュの葉は難燃性が高いと判定された。スギやヒノキ、クスノキなどの樹種は葉に揮発性の芳香物質を多く含み（谷田貝 1998）、この成分が可燃性を有していることから発炎しやすいと考えられる。さらに、針葉樹の葉は広葉樹に比べて発炎温度が低いために早く炎を上げて燃え易いとされている（岩河 1984）。

本実験では、ガスレンジの炎の大きさや火源の温度等詳細な実験条件は必ずしも同一ではないが、発煙・発火状況や有炎燃焼までの経過時間には明瞭な差異が観察され、揮発性芳香物質が少なく、樹葉含水率の高いイチョウやヤブツバキ、サンゴジュの葉の難燃性を認めることができた。ただし、さらに長い時間ガスレンジの火を消さずに焼き網の上に葉を置き続けた場合には、これらの葉も炎を上げて燃焼した。

この実験に際しての注意点を以下に挙げると、

①樹葉に含まれる水分の減少（乾燥）が進まないよう、葉を採集した後、速やかに実験に着手すること。

②樹葉に含まれる含水量は季節によって変化する。特に落葉樹種の樹葉含水率は大きく変動するので、季節により難燃性が著しく低下することがある。

③ガスレンジの火が大き過ぎる場合、若干の時間差は生じるものの、短い時間内に耐火限界を超えて試料全体が一気に燃え上がり、難燃性の差異は認め難くなる。

④発煙する樹葉があること。また、突然発火し炎を立ち上げる場合や火の着いた葉が舞い上がることがあるので、安全な場所で実験を行うとともに消火器や消火用水を準備するなど、火気と換気には十分に注意しなければならない。

⑤実験後の葉は高温になっているので、水をかけるなどして十分に温度を下げてから処分すること。

(4) 火災実験による評価の試み

鉄製燃料容器の火源を中心にして、等距離に4つの樹木タイプ（ツツジ列植、ハナミズキ単木、ハナミズキとツツジ列植、アオキやスダジイなどの常緑広葉樹を密に配置）を設置した。無風状態で燃料（ヘプタン）に着火した時点から鎮火するまでの間、樹木背後の放射受熱量を放射計（東京精工㈱RE-Ⅲ型）により測定し、樹木が存在しない場合と比較している（林ほか 2012）。なお、放射とは電磁波によって熱が伝わる現象を指し、太陽に照りつけられて熱さを感じたり電子レンジによる加熱などが代表的な放射による伝熱形態である。放射受熱量が増大すると熱エネルギーが高くなり物体の温度も上昇する。

火源中心から4mの距離に樹木を配置した場合（実験1）の様子を**写真5・4**、**5・5**に示してある。樹木背後における放射受熱量は高い方から、樹木なし、ハナミズキ単木≒ツツジ列植、ハナミズキとツツジ列植、常緑広葉樹を密に配置の順になっている。ハナミズキ単木（高さ2・5m）とツツジ列植（高さ70㎝）を比べると、着火から40秒程度までの間、枝下空間の大きいハナミズキ単木で樹木背後の受熱量が一気に上昇しており、樹形の違いによる遮熱力に差が生じているが、それ以降、鎮火するまでの最大値は大差がなかった。ところが、ハナミズキとツツジを組み合わせて複層にすると遮熱効果が高くなっている。さらに、常緑広葉樹を密に配置すると遮熱効果は著しく高くなっている（**図5・4**）。

次に火源中心から1mの距離に樹木を配置した場合（実験2）では、燃料への着火から約1分または

写真5.4　火炎近傍におけるハナミズキ単木とハナミズキとツツジ列植の背後の放射受熱量の低減効果に関する実験

写真5.5　火炎近傍におけるツツジ列植と常緑広葉樹を密に配置の背後の放射受熱量の低減効果に関する実験

1分30秒後に火炎が樹木に吸い寄せられるコアンダ効果（火炎が樹木との間の空気を吸い込むことによって、その領域の圧力が低下して火炎が吸い寄せられる現象）が発生し、その後の接炎によって樹木が発火燃焼した（**口絵⑩**）。樹木背後の放射受熱量の最大値は、ハナミズキとツツジ列植で5・01kW／㎡、常緑広葉樹密植では0・66kW／㎡となった（**図5・5**）。極めて制限された条件下の実験ではあるが、樹木が発火燃焼した場合でも空隙が少なく厚みのある常緑広葉樹密植では、火炎が背後まで燃え広がらず、樹木背後の放射受熱量も発火燃焼の影響をほとんど受けずに遮熱効果が持続した。**写真5・6**に示す炎上中でも、樹木の背後（右側）に立って実験を観察することができた。

一般に街路空間では、通行者の視界や冬期間の日射を確保することが求められ、また、公園や学校では、防犯上あるいはゴミ不法投棄の懸念等から、いずれの空間も落葉樹とツツジ植え込み等の見通しの良い植栽デザインが多い。一方で、過去の災害記録や防火実験からは、常緑広葉樹によって構成された密度の高い樹林帯は防火機能が高いと評価されている。かつて、多くの火災に見舞われた江戸の町では、防火対策として要所に火除地や広小路、植木溜、防火堤などが築かれていたという（岩河１９８４）。都市災害時に発生する同時多発的な火災は初期消火が困難であり、都市防火対策上、建築物の不燃化と空地や防火機能の高い樹林帯を備えた避難経路・避難場所を事前に整備していくことが必要である。

環境保全林は、なるべく多くの種類の苗木を密植し競争させることによって病害虫にも強く、また、常緑広葉樹からなる環境保全林では、火災発生件数の多い冬期～春期でも落葉することがなく、

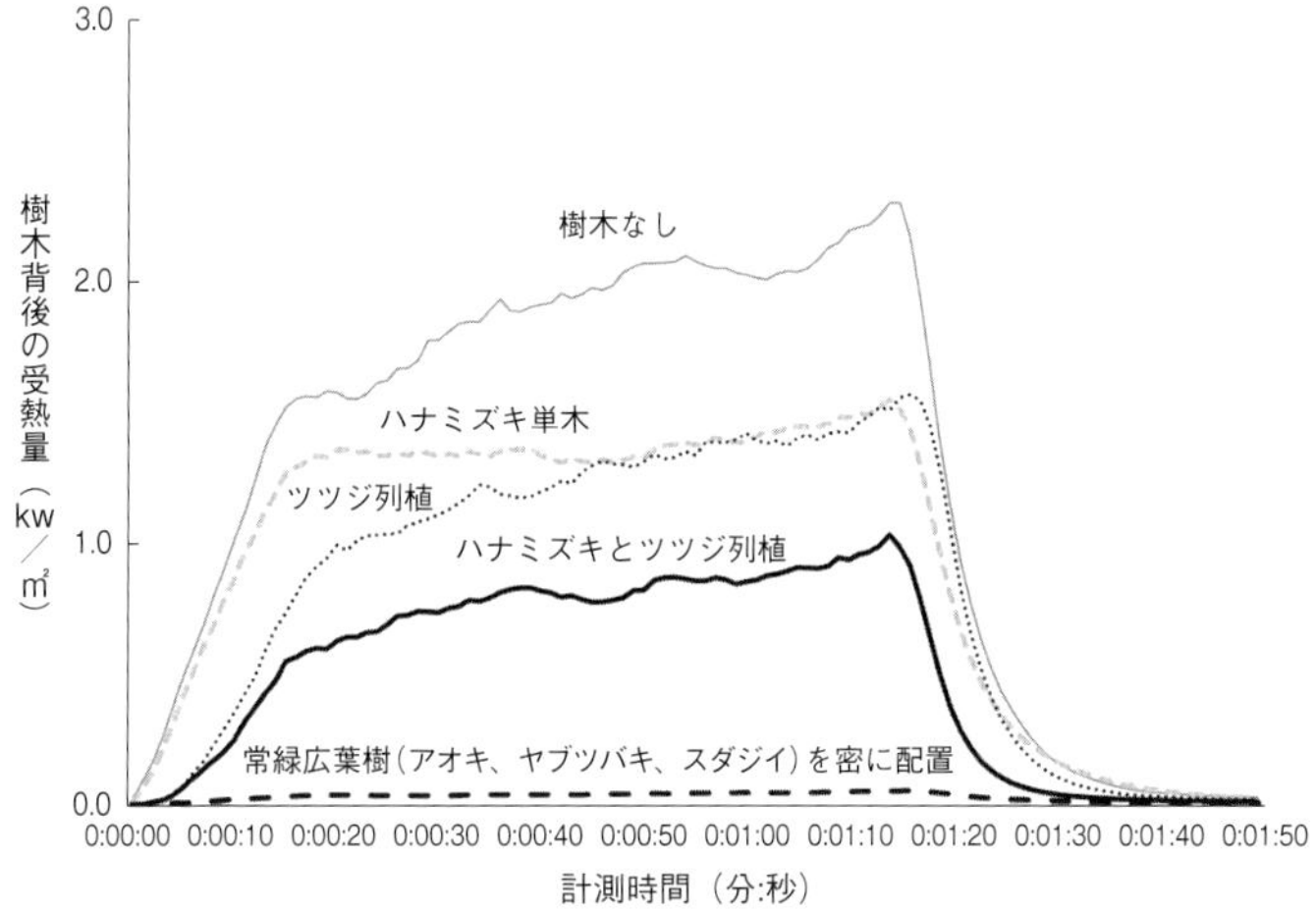

図5.4　火炎近傍に配置された樹木背後の放射受熱量の変化

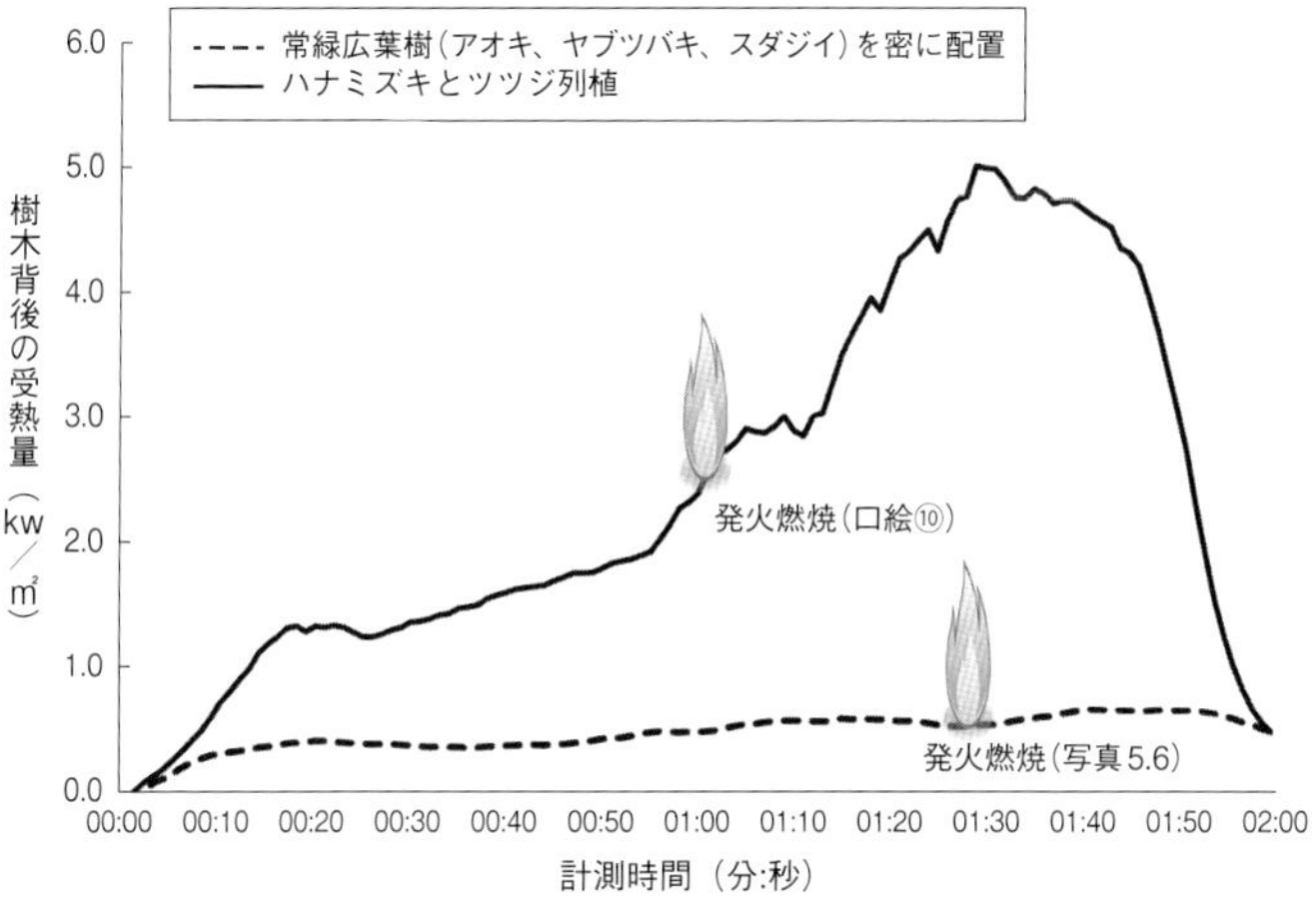

図5.5　接炎条件下に配置された樹木背後の放射受熱量の変化

写真 5.6　接炎条件下での常緑広葉樹

火熱を防ぐ機能を持続的に発揮することが期待できる。

樹木による防火機能については、災害教訓から学ぶとともに被災地の現場検証、実証実験、シミュレーション等、様々な角度から知見を蓄積していくことが求められる。また、環境保全林の機能は、樹木が健全に生育してはじめてその効果が十分に発揮されるので、活力のある樹林が形成されるよう、植栽地の環境条件を踏まえた緑地計画や樹種の選定が必要である。

●コラム6　災害と避難場所

関東大震災時に発生した火災の鎮火理由の内訳は、消防等の人為的活動によるものが28.6％、残りの自然鎮火71.4％の内、樹木の存在による焼け止まりは12.1％となっている（井上 1925）。大地震により水道設備が破壊され、緊急車両の通行が困難になると消防力は大きく低下する。大規模な同時多発的な火災に対しては、事前の防火対策が重要になってくる。

関東大震災直後に火災と気象について調査した藤原（1923）は、現地調査を通じて「神社仏閣に類焼を免れたのが多いと云うことも一般的に云える。個人の家で焼け残ったのは割合に少なく、其比から見ると神社等はどうも割合に多く残って居るように思ふ。是を直接の作用から見れば、生木が境内にある事が確かに有力の一項と思ふ」と記している。実際に関東大震災時の避難場所として浅草寺や靖国神社、浜離宮、芝公園（増上寺）などは多数の避難者を収容している。また、2011年3月に発生した東日本大震災では、多くの神社境内が避難場所となったほか、福島県内では多くの古い神社が津波の被害をぎりぎりで免れたことも報告されている（高世ほか 2012）。

神社や鎮守の森は、祈祷や祭事などの場所としてのみならず、災害時の避難場所として人々の拠り所となっている。「鎮守」にはその地を鎮めて守るという意がある。安心・安全な街づくりを考えていく上で、地域固有の自然資源でもある鎮守の森に期待される役割は、益々大きなものとなるだろう。

東日本大震災の津波浸水線の僅か上方に位置する寄木神社（左写真：福島県相馬市）と熊野神社（右写真：宮城県石巻市大原浜）

●コラム7　環境保全林の果実と鳥類

環境保全林の近くを定期的に歩いていると急に鳥の声が騒がしくなる時期がある。鳥の声に耳を傾けると、「ヒーヨ、ヒーヨ」と強い調子で鳴くヒヨドリや、「ギュルギュル」と騒がしく群れで飛来するムクドリの声が聞こえてくる。時々、ヒヨドリやムクドリの鳴き声の合間を縫ってメジロの「チー、チー」という細い声が混じることもある。このような時はたいてい、なにか高木層の樹木が結実期を迎えている。

樹高が10m近くに成長した環境保全林では枝先に実る果実は、よほど注意してみない限り気が付くことはないだろう。6月上旬から半ば頃にヒヨドリやムクドリが騒いでいれば、ヤマザクラかヤマモモ、7月半ばであればタブノキ、10月下旬から11月頃ならクスノキやホルトノキの果実が樹上で成熟し、その果実目当てに鳥類が集まってくる。鳥が食べる果実というと赤い実のイメージが強いが、先に挙げた樹種ではヤマモモを除き、ヤマザクラとクスノキは黒、タブノキとホルトノキは黒紫色という具合に黒色系が人気なのである。赤い果実のクロガネモチやモチノキは優先順位が低いのか、主要な果実が消費された後に食べられている。

環境保全林で用いられる樹木のうち、ヤマザクラやヤブツバキの花やシイ、カシ、ナラの「どんぐり」はよく知られている。しかし、多くの樹種は目立たない花であり人が食べるような果実をつけてはいない。ところが自然界では植物はさまざまな昆虫や鳥類と強く結びついている。時折聞こえてくる野鳥の大騒ぎは、その結びつきを私たちに教えてくれているのである。

第６章　鳥類による環境保全林の評価

日本に生息する鳥類は６３３種とされている（日本鳥学会２０１２）。そのうち、市街地周辺の緑地で観察される鳥類は加藤（２００５）によると、東京や千葉での観察例では約50種、観察頻度の高い種に限れば20種程度であろう。鳥類はバードウォッチングという言葉があるように、観察される機会の多い身近な生き物といえる。

本書で扱う環境保全林は主として都市域もしくは都市近郊に創出される樹林であり、当初は工業立地における樹林の環境保全機能が重視されていた。近年は生物多様性の喪失への危機感の高まりを受け、企業緑地においても生物多様性の保全効果に関心が向くようになってきている。特に２０１０年愛知県名古屋市で開催された生物多様性条約第10回締結国会議（ＣＯＰ10）によって定められた愛知目標においても生物多様性の保全について２０２０年までの20の目標が定められており、官民とも取組みが求められている。

そのような機運の中、私達は環境保全林のもつ生物の生息空間としての機能、特に鳥類との相互関係について関心を持っている。慣れたバードウォッチャーであれば緑地をみれば、おおよそ訪問する鳥類相や訪問してくる時期を言い当てることはできるだろう。しかし、生物多様性保全に関わる現場担当者としては、植樹をしたことで、いつ頃どのような種類が来るようになるのか、訪問する鳥類により生物多様性の保全効果があったといえるのか、得られた知見をどのように役立てるのかといったより踏み込んだ質問に向き合わなくてはならない。現場担当者レベルの課題としては、鳥類観察データの集め方やその取りまとめ方、緑地と鳥類の関係性をどう見出していくかなどが挙げられる。

私達はまず環境保全林での観察知見の集積に取り組んでいる。そして、観察の際には、樹林を創出することにより、どの鳥類が、どの樹種、どのような樹林環境と結びつき、どのように利用するようになるのかといった新たに構築されていく植物と鳥類の相互関係に重きをおいた記録を行なっている。以下で紹介する取組みは学術的な枠組みを用いているが、基本的に環境保全林や森林保全に関わる市民ボランティアや企業の担当者の方でも取り組める簡易な鳥類調査である。

1 鳥類の調査法

ここでは、創出した環境保全林をどのような鳥類が利用するかを把握するものとする。ここでは鳥類の個体数密度の調査で使用されるラインセンサス（ロードサイドセンサス）と呼ばれる手法を用いる。

(1) 調査に必要な道具

調査記録用紙、対象地の地図（縮尺1／500～1／2500）、画板、双眼鏡、筆記用具、時計、デジタルカメラ

(2) 調査方法

①観察ルートの設定　環境保全林全域を見てまわれるような観察ルートを設定する。観察ルートには比較対照のため、環境保全林だけでなく、樹林を創出する前と似た環境(工場立地や空き地など)も一定区間含んだ方がよい。

②観察ルートの地図とフィールドノートの準備　観察ルートの地図は、環境保全林の位置・形状が分かる図面や空中写真、イラストを使用すると分かり易い。企業敷地に創出された樹林であれば、緑地設計図面(1／300～1／500程度)、周辺環境まで含めると1／2500の都市計画図白地図などを入手するとよい。Google MapやGoogle Earthの活用も一案である。

フィールドノートには、観察番号、観察時間、鳥類種、個体数、行動、利用していた構造物を記録する。記録項目が多いため、観察番号や、ある程度予想できる行動(休息、歩行、採餌など)や構造物(電柱、電線、樹林、歩道など)は、あらかじめ記入しチェック式にしておくとよい。鳥類の多い時期では一度に複数の鳥類が記録されることもあり、フィールドノートを活用することで記録の時間短縮ができる。

③ラインセンサス(ロードサイドセンサス)　晴れた日の午前中に観察ルートを時速1～2㎞でゆっくり歩きながら目視もしくは双眼鏡で枝先等を確認しながら目撃された鳥類の種、個体数等の記録を行なう。鳥類の声が聞き取りにくく視認性の悪い雨天や強風時は観察を避けた方が良い。観察時間は一般的には、鳥類の繁殖期(本州：5月中旬～6月下旬)は日の出から8時まで、越冬期(12月

中旬～2月中旬）は午前中が推奨される。身近な環境で実施する場合は概ね午前中に実施すればよいだろう。

記録範囲は観察ルート両側20～25m程度、開けた空間では50mの範囲とされる。環境保全林の調査を含め、都市環境では概ね25m程度が妥当である。一般的な鳥類調査では声のみでも記録対象とするが、声だけで鳥類種や個体数を判別するには一定の経験が必要である。私達の調査では鳥類が樹林のどの部位にいるか、そこで何をしているか視認することを心がけているため、声のみ聞こえ、位置判別がつかない場合は記録とせず、参考メモにとどめている。また、同様の理由で、敷地の上空を通過するだけの鳥類も参考メモ程度としている。

鳥類を目撃するとフィールドノートに観察番号、観察時間、鳥類種、個体数、行動、利用していた構造物や樹木を記録し、観察番号を地図に記録する。このとき鳥類の観察された状況等をデジタルカメラで撮影しておくと観察時の状況を思い出しやすい。通常のラインセンサスでは繁殖期と越冬期に分けて実施されることが多いが、樹林と鳥類の相互関係を重視した観察では、樹木の開花・結実時期に応じて鳥類の行動が変わるため、基本的に年間を通じて実施するのがよい。観察に慣れない方は落葉樹が葉を落とし視認性がよくなる11月から2月頃の秋の終わりから冬に観察すると良いだろう。

④データ整理　観察が終わるとフィールドノートに記録した事項をデータ入力し、その日のデータ数、観察鳥類種数などを整理しておく。ある程度調査結果がまとまったら、鳥類の総出現数や出

現頻度の季節変化などを取りまとめる。さらにどの鳥類がどの植生を利用しているかといった観点からデータを整理すると良い（図6・1、表6・1）。

⑶ その他の調査法：スポットセンサス法*（定点観察法）

環境保全林に関わる鳥類調査としては、特定の樹木と鳥類の相互関係を把握するケースも考えられる。そのような場合、場所を定めた観察、スポットセンサスも有効である。観察時間帯や観察事項は、ラインセンサスと同様である。スポットセンサスの特徴はラインセンサスと比較し、観察者の動きが少ない分、細かな鳥の動きに気づきやすく、小さな声も聞き取り易い。また、メジロやカラ類などは観察者の動きが少ないと警戒心が薄れ、比較的観察しやすい場所まで出てくることが多い。

*【留意事項】　スポットセンサスの観察対象にカラス類が含まれる際は観察者の姿が見えないよう工夫する必要がある。カラス類は警戒心が強く、人の姿が見えると警戒してこちらの期待するような行動をしなくなる。

2　環境保全林での実例

⑴ 調査場所

愛知県名古屋市熱田区の株式会社三五の敷地に創出された環境保全林を含む緑地において訪問する鳥類の調査を実施している。この企業緑地は「ＥＣＯ35」と称する見学施設であり、全体の面積は約1・5ha、敷地外周と敷地南面に環境保全林が創出されており、樹林面積は約３５００㎡である。植栽は２００６年と２００８年の2回実施され、シラカシ、タブノキ、ヤマザクラ等の高木樹種16

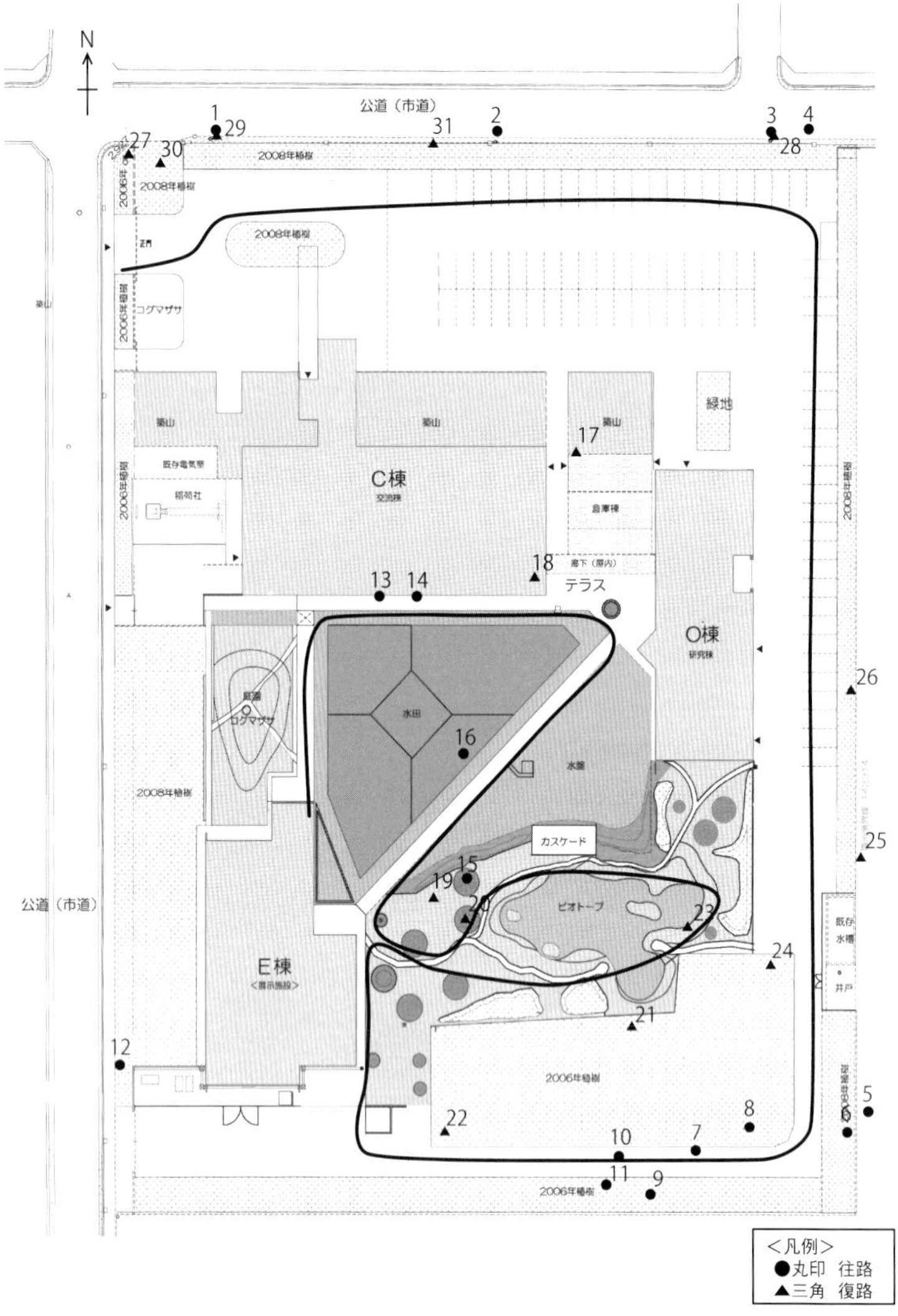

図 6.1　鳥類観察のとりまとめ例（地図記入例）

表6.1　鳥類観察のとりまとめ例(フィールドノート記入例)

ルート	記録No.	時間	記録種	個体数	行動	利用環境	利用樹木
往路	1	8:01	スズメ	2	休息・頭かき	電柱	
↓	2	8:02	スズメ	1	休息	樹林	ホルトノキH=7m、電柱
	3	8:02	スズメ	3	休息	電柱	
	4	8:07	キジバト	1	休息	電線	
	5	8:09	キジバト	1	探索	樹木	キリH=10m
	6	8:11	メジロ	1	探索	樹木	ヤマモモH=7m
	7	8:13	ハクセキレイ	1	歩行	歩道	
	8	8:13	ヒヨドリ	3	探索	樹林	ホルトノキH=8m
	9	8:15	ヒヨドリ	1	休息	樹林	樹林頂部に止まる
	10	8:15	キジバト	1	休息	樹林	樹林頂部に止まる
	11	8:17	メジロ	1	休息	樹林	樹冠内に止まる
	12	8:18	キジバト	2	休息	電線	電線
	13	8:21	スズメ	1	休息	建物	屋上
	14	8:21	ハクセキレイ	1	休息	建物	屋上
	15	8:27	キジバト	1	探索	ビオトープ	サクラに止まる
	16	8:28	スズメ	3	探索	水田	水田の畔
復路	17	8:42	ハクセキレイ	1	休息	建物	建物
↓	18	8:42	スズメ	2	休息	建物	建物
	19	8:43	キジバト	1	探索・採餌	ビオトープ	草地でクローバー(ヒメムカシヨモギ種子ついばむ)
	20	8:46	ヒヨドリ	1	休息	ビオトープ	サクラの枝に止まる
	21	8:50	ヒヨドリ	3	採餌	樹林	ホルトノキH=8m
	22	8:54	メジロ	2	探索	樹林	サクラの枝に止まる
	23	9:01	カワセミ	1	休息	ビオトープ	ヤナギの枝に止まる
	24	9:01	ウグイス	2	探索	樹林	中ほどの枝移動探索
	25	9:01	ジョウビタキ	1	休息	樹林	キリH=12m
	26	9:05	シロハラ	1	休息	樹林	クスノキH=8m、高さ3mほどの枝に止まる
	27	9:07	ハシボソガラス	1	休息	電柱	電柱　頂上に止まる
	28	9:08	スズメ	1	歩行	電線	電線　電線の上を移動する
	29	9:10	スズメ	3	探索	電柱	電柱
	30	9:10	ヒヨドリ	2	探索	樹林	クスノキH=10m、樹冠内
	31	9:10	メジロ	1	休息	樹林	スダジイ、枝先に止まる

確認種数:10種

種、ヤブツバキ、ヤマモモ、カクレミノ等の亜高木種17種およびカンツバキ、クチナシ、マサキ等の低木種29種の合計62種1万8000本の苗が植栽されている。

調査実施時には苗木植栽後7~9年が経過し、ホルトノキ、ヤマザクラ、スダジイなどからなる樹高約10mの樹林に生長している(図6・2)。この企業緑地は施設建物のほか、駐車場、外周を取り囲む環境保全林、池と草地からなるビオトープ、水盤、水田などから構成されている(図6・1)。2015年11月から2016年7月に合計7回ラインセンサスによる鳥類調査を実施している。

(2) 調査結果

調査を通じて企業緑地では記録数193回、18種(4月時間外にモズ、7月時間外にカワウが記録、合計20種)の鳥類が記録されている。鳥類の観察記録数は12月が記録数40回と最も多く、その前後の11月、2月、3月と越冬期とその前後の時期に記録数が多い。越冬期が終わる4月には、記録数は15回と最も少なくなり、その後の繁殖期となる5月、7月は記録数20回前後で推移している。1回あたりの出現種数は6種から11種であり、越冬期とその前後での記録種数が多い。これは、ジョウビタキ、ツグミ、シロハラといった冬鳥やカワセミ、コサギといった水鳥が記録されたためである。記録数193回のうち、ヒヨドリ44回、スズメ43回、キジバト40回の記録数が多く、この3種で記録全体の66%を占めた。またこの3種は7回すべての回で記録されている。3種に次いで観察記録の多いメジロは越冬期の11月から3月までに集中して記録された(表6・2)。神奈川県川崎市東扇島の環境保全林での鳥類調査においても越冬期にヒヨドリやメジロといった果実食鳥が多く、繁殖期にはスズ

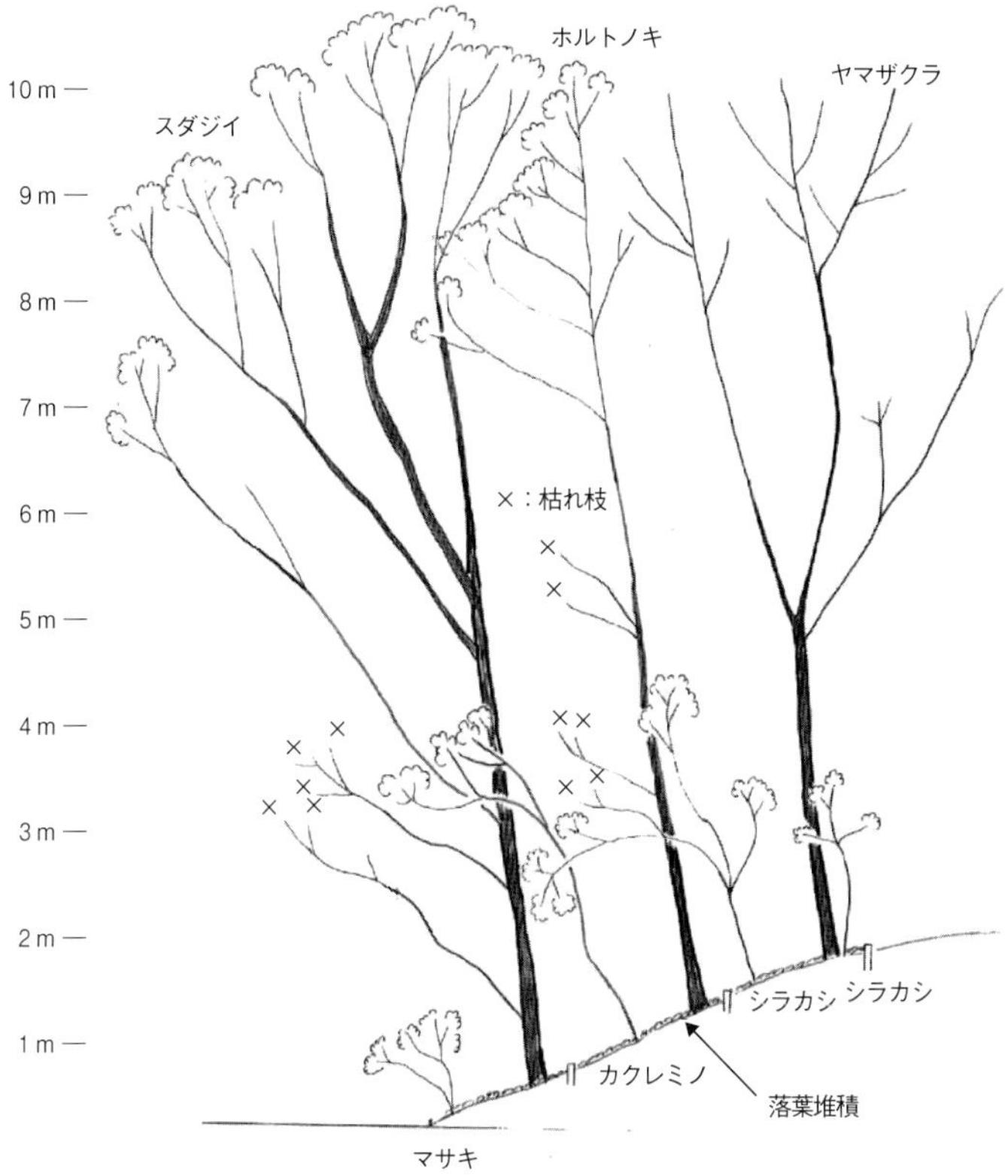

図6.2　樹林の断面模式

メが多いことが知られており、共通する傾向といえる（阿部ほか2001）。なお、観察される鳥類は1〜2個体での記録がほとんどであり、4羽以上の群れでの記録されたのはスズメ1種のみであった（**図6・3**）。

　鳥類が記録された環境は環境保全林や植栽木、草地といった緑地を利用するものが57・0%と半数以上を占め、次に電柱、電線、建物が30・6%、水田

表6.2　企業緑地「ECO35」における鳥類の観察記録数

鳥類種	観察記録数 2015年 11月13日	12月7日	2016年 2月2日	3月24日	4月26日	5月31日	7月7日	総計
ヒヨドリ	5	11	11	5	4	3	5	44
スズメ	8	7	5	6	3	8	6	43
キジバト	6	4	7	9	5	5	4	40
メジロ	4	7	4	4				19
ハクセキレイ	3	2	1	1		1	3	11
シジュウカラ		3		1		1		5
ハシボソガラス	1	1		1		1	1	5
シロハラ	1		1	2	1			5
カルガモ				2	1		1	4
カワセミ	1	2						3
ツバメ						2	1	3
ウグイス	1			1				2
コサギ		2						2
ムクドリ					1	1		2
ジョウビタキ	1	1						2
ツグミ			1					1
ドバト			1					1
ホオジロ				1				1
総　計	31	40	31	33	15	22	21	193
出現種数	10	10	8	11	6	8	8	18

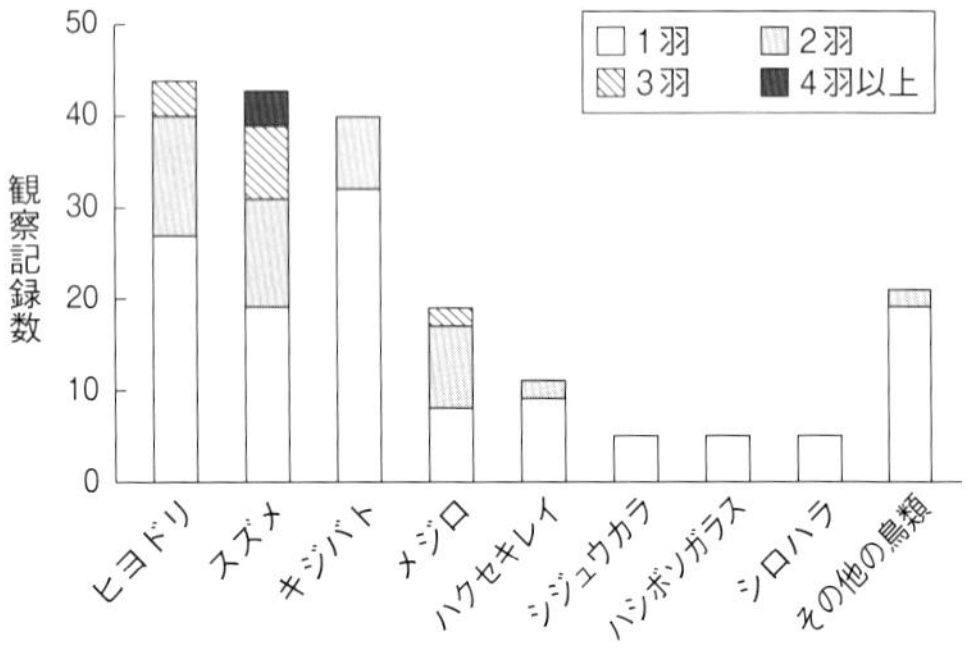

図6.3　企業立地「ECO35」における鳥類の記録個体数

や水盤といった水域が12・4％となっており、樹林は鳥類にとって主要な利用空間といえる（**表6・3**）。

表6.3　企業緑地「ECO35」における鳥類の利用環境

利用環境		観察記録数			
【緑　地】	樹林・樹木	110	57.0%	102	52.8%
	草地			2	1.0%
	芝生			6	3.1%
【水　域】	ビオトープ池	24	12.4%	11	5.7%
	水田・畔			4	2.1%
	水盤・水面			9	4.7%
【人工的環境】	駐車場・歩道	59	30.6%	9	4.7%
	建物・テラス			13	6.7%
	電柱・電線			37	19.2%
	合　　計	193	100.0%	193	100.0%

表6.4　鳥類種別の鳥類の利用環境

鳥類種	【緑　地】			【水　域】			【人工的環境】			合計
	樹林樹木	草地	芝生	ビオトープ池	水田・畔	水盤水面	駐車場歩道	建物テラス	電柱電線	
ヒヨドリ	**37**			3				1	3	44
スズメ	13	2	3		1			5	**19**	43
キジバト	**20**			2	1	1	3	3	10	40
メジロ	**19**									19
ハクセキレイ			3				**6**	2		11
シジュウカラ	**4**								1	5
ハシボソガラス					1	1		1	2	5
シロハラ	**4**			1						5
カルガモ				1		**3**				4
カワセミ				1		**2**				3
ツバメ					1	**2**				3
ウグイス	**2**									2
コサギ				**2**						2
ムクドリ									**2**	2
ジョウビタキ	**2**									2
ツグミ	**1**									1
ドバト								1		1
ホオジロ				1						1
合　計	102	2	6	11	4	9	9	13	37	193

鳥類種別では、ヒヨドリ、キジバト、メジロ、シジュウカラ、シロハラ、ウグイス、ジョウビタキ、ツグミはその観察記録の半数以上が樹林や樹木の利用であり、環境保全林との結びつきの強い鳥類種といえる。水鳥であるカルガモ、カワセミ、コサギとツバメは水域のみで記録され、スズメ、ハクセキレイ、ムクドリは人工的な環境で記録されることが多い（表6・4）。ツバメは広範囲に飛翔することができるが、観察時には低空で水田や水盤上空を飛翔する行動が確認され、樹林周辺への飛翔は確認されなかった。樹林の利用頻度の高いヒヨドリ、キジバト、メジロの3種に着目して、樹林の利用時の行動を比較すると、ヒヨドリは枝先に止まり鳴き交わすような移動・飛翔をともなわない「休息」が約6割、樹冠内を移動する「探索」や果実を採食する「採餌」が約4割となっており、ホルトノキやクスノキの枝先での探索や果実の採餌が記録されている。キジバトでは樹林内の枝でじっとしている「休息」が8割を占めている。メジロでは枝から枝へ飛び回る「探索」が7割を占め、「休息」は1割である（図6・4）。メジロの採餌行動としては、ホルトノキの果実のついばみやサクラの花の吸蜜行動が確認されている。ヒヨドリやメジロは環境保全林の構成種の花や果実と結びついていることが示唆される。またキジバトについては、休息場所として枝葉の茂った樹冠内を利用しているといえる。

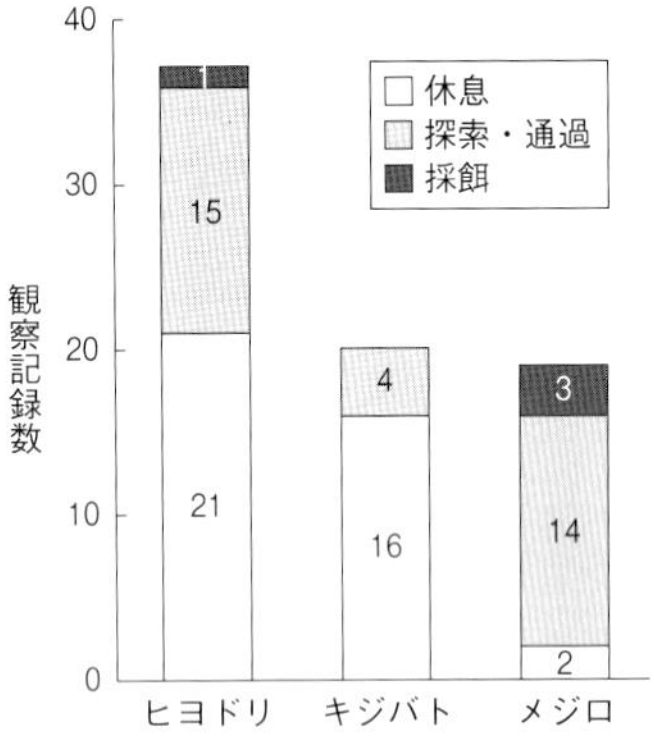

図6.4　樹林を利用する鳥類の行動

(3) 周辺地域との比較

企業緑地内の鳥類調査に加えて、この企業緑地を含む隣接工業立地を含めてラインセンサスを実施した。センサスルートの延長は約１・５kmあり、その内訳は、この企業敷地の外周を取り囲む環境保全林と住宅地の間を通る「環境保全林区間」が２５０m、広大な芝生広場や樹高10mを超えるケヤキやクスノキが芝地に単木的に植えられている企業庭園・都市公園の間を通る「公園区間」が４５０m、物流倉庫や工場建屋に接する道路に沿って、樹高約10mのトウカエデが並木状に植栽されている「街路樹区間」が４００m、商業施設の駐車場と敷地外周に樹高２m程度のカイヅカイブキが列状に植栽された工場敷地の間を通る「工業立地区間」が４００mである。２０１５年11月から２０１６年７月にかけて合計７回ラインセンサスによる鳥類調査を実施している。

鳥類の記録される区間は、環境保全林区間で最も高く、次いで公園区間、街路樹区間、最後に工業立地区間となった。環境保全林区間は、街路樹区間の２倍、工業立地区間の８倍の記録数となった。環境保全林の創出は、街路樹や工業立地に比べ鳥類の生息空間として機能しているといえる。この事例の場合、企業緑地が整備される前は工場であったことから、樹林を創出したことにより鳥類の生息空間が創出されたといえる（表６・５）。

全区間を通じて17種の鳥類が記録されたが、環境保全林区間での記録数は10種であり、公園区間の15種、街路樹区間の13種と比べ少ない。公園区間と街路樹区間で記録されたのはハクセキレイ、ドバト、カワラヒワの３種、公園区間のみで記録されたのはツグミ、コゲラの２種である。公園区間や街

表 6.5　利用環境別の鳥類記録数

	100 m あたり観察記録数				
	環境保全林区間	公園区間	街路樹区間	工業立地区間	総　計
観察路延長(m)	250	450	400	400	1,500
2015 年 11 月 13 日	3.6	**4.0**	1.3	0.5	2.3
2015 年 12 月 7 日	**4.8**	1.3	2.8	0.3	2.0
2016 年 2 月 2 日	**4.0**	3.3	2.0	0.3	2.3
2016 年 3 月 24 日	**2.8**	2.2	0.8	0.8	1.5
2016 年 4 月 26 日	2.8	**3.1**	2.0	0.3	2.0
2016 年 5 月 31 日	**5.6**	3.3	3.5	1.3	3.2
2016 年 7 月 7 日	**4.8**	2.7	1.8	0.3	2.1
総　計	**28.4**	**20.0**	**14.0**	**3.5**	**15.4**

表 6.6　鳥類種別の利用環境別記録数

鳥数種	100 m あたり観察記録数				
	環境保全林区間	公園区間	街路樹区間	工業立地区間	総　計
スズメ	14.0	8.4	6.3	2.3	7.1
ヒヨドリ	7.2	1.6	1.5		2.1
キジバト	3.6	1.1	1.5		1.3
ムクドリ	0.8	1.3	1.3	0.8	1.1
ハクセキレイ		2.2	0.5		0.8
ハシボソガラス	0.4	1.8	0.3		0.7
メジロ	0.8	0.2	0.8	0.3	0.5
ツグミ		1.1			0.3
ドバト		0.2	0.8		0.3
ハシブトガラス	0.4	0.4	0.3		0.3
カワラヒワ		0.4	0.3		0.2
シジュウカラ	0.4	0.2		0.3	0.2
ジョウビタキ	0.4	0.2	0.3		0.2
コゲラ		0.4			0.1
ツバメ	0.4		0.3		0.1
イソヒヨドリ			0.3		0.1
カルガモ		0.2			0.1
総　計	28.4	20.0	14.0	3.5	15.4
出現種数	10	15	13	4	17

路樹区間でのみ記録された種は、ハクセキレイやツグミのように開けた空間を好む種やコゲラのように枯れた木で採餌する種である。鳥類種に着目した場合、より多様な空間を含む区間のほうが多くの鳥類が記録されたといえる。一方、環境保全林区間ではスズメ、ヒヨドリ、キジバトは他の区間と比べて多く記録されており（表6・6）、この結果は企業緑地内の調査と共通しているといえる（表6・4参照）。

環境保全林の訪問鳥類がかつての工業立地から増加したことは明らかとなったが、鳥類の生息空間としてみた場合、植栽後どのくらいの経過年数が必要かという点についても考察が必要であろう。一連の観察結果から、ヒヨドリやメジロについては、秋から冬にかけて樹上の果実を探索、採餌する様子が観察されている。まだ仮説の段階であるが、植栽した苗木が生長し、開花、結実し始めるころから鳥類の訪問が増加するのではないかと考えられる。植栽した苗木が開花、結実するまでのひとつの例として、ヤマザクラでは早いものでは植栽３～４年目に樹高４ｍ内外に生長し、花が咲く。樹林の生長には当然、立地による差があるだろうが、鳥類の訪問が増え始めるのは樹高４ｍ内外に生長する頃合ではないだろうか。

このように訪問する鳥類は樹林の生長と相互に関係しあっている。環境保全林での鳥類観察は、生き物の関係性が回復しつつある一端を垣間見る行為ともいえる。訪問する鳥類に「なぜ？」の視点を持って観察することは、いきもの同士のつながりを見出すヒントになるだろう。その観察を積み重ねていくことで、生物多様性への理解が深まるものと信じている。このような試みが樹林再生や生き物観察への関心を高め、都市に緑を戻す原動力になればと思う。

3　鳥類調査による評価の方法と留意点

鳥類調査による環境評価には、まず対象となる空間スケールを想定し、空間スケールに応じた調査方法と評価を用いる必要がある。一ノ瀬（2003）は生物群集の分布を規定している環境要因を把握するために3つの空間スケールを提示し、市町村単位のような様々な景観要素の含まれるマクロスケール、マクロスケールの分析により抽出された同種の複数の景観要素（例えば樹林地など）を扱うメソスケール、個々の景観要素の内部を取り扱うミクロスケールを提示している。本事例で取り上げた環境保全林を含む企業敷地での調査やその周辺環境との比較はミクロスケールに相当する。

鳥類を用いた環境評価の例としては、日本鳥類保護連盟の下敷き、「鳥から知る環境ものさし」（http://www.jspb.org/）が知られている。この評価の仕組みは、ある地域において観察された鳥類種に点数をつけ、それらの鳥類の合計点により、その地域の環境を評価する仕組みとなっている。点数が高いほど里山や山地等、複数の景観要素が含まれる環境とされており、メソスケールからマクロスケールでの鳥類観察を対象とした評価となっている。これは直感的に分かり易い指標であり、調査結果の概略を把握するには有効である。しかし、マクロスケールに対応した鳥類種で評価されているため、環境保全林に隣接する植生が、水田か市街地かによって記録される鳥類種は異なり、樹林構造がほとんど同じであっても、評価点は大きく変動する可能性がある。また、環境保全林が目標とする都市域の鎮守の森での鳥類調査データと相互比較する場合でも、調査面積がより大きく、より高頻度に調査した方が種数は多く記録され、評価点は高くなる。そのため、評価点の違いが、目標となる樹林との差異なのか、調査レイアウトの違いなのか判断は難しい。このように鳥類の評価指標としての出現種数は分かり易い指標であるが、既往知見を参照する時は対象としている空間スケールや調査レイアウトの違いを十分に考慮する必要がある。

環境保全林における鳥類の評価方法としては、調査範囲や調査時期といった調査レイアウトを統一した上で、環境保全林と比較すべき対象との相対評価とした方が分かりやすい。例えば、創出した環境保全林と、環境保全林を創出する前の植生である造成地や工場敷地、あるいは環境保全林の目標とする地域の鎮守の森について、同一レイアウトの調査を実施し、出現鳥類の種数や個体数、記録頻度等を比較することで、環境保全林の鳥類の回復過程を評価することができる。

さらに、生物多様性の観点から環境保全林の鳥類について評価する場合には、樹林と鳥類との結びつきの強さを指標化できるとよい。そのためには出現種数や個体数だけでなく、それぞれの鳥類種の単位時間あたりの記録頻度や滞在時間、滞在中の行動や利用環境などを記録し、多面的に比較評価できると良いだろう。あるいは、常緑広葉樹主体の樹林を対象とするのであれば、ヒヨドリ、キジバト、メジロといった結びつきの強い数種に着目し、採餌行動の確認された樹種や営巣状況の有無などより深めた調査をしてみても良い。このような観察を積み重ねることで、創出した樹林が鳥類に利用されていく過程を明らかにできるだけでなく、環境保全林創出事業において生み出される生き物との相互関係をより生き生きと表現できるようになるのではないだろうか。

4　参考書

（a）鳥類の調査方法等

①唐沢孝一（1987）「マン・ウォッチングする都会の鳥たち」（草思社）
②加藤和弘（2005）「都市のみどりと鳥」（朝倉書店）
③内田裕之（2012）「生物による環境調査事典」（東京書籍）
④山岸　哲（1997）「鳥類生態学入門——観察と研究のしかた」（築地書館）

書籍ではないが、以下のガイドブックも調査方法の参考になる。

（b）ラインセンサス法

①環境省自然環境局生物多様性センター・財団法人日本野鳥の会（2006）モニタリングサイト1000森林・草原の調理調査ガイドブック

（c）スポットセンサス法

①環境省自然環境局生物多様性センター・財団法人日本野鳥の会・NPO法人バードリサーチ（2009）モニタリングサイト1000森林・草原の調理調査ガイドブック

第7章　土壌動物による環境保全林の評価

土壌中に生息する動物のいくつかは、主として落葉や落枝などの腐りかけた植物質を食物としている。また、これらの動物が排泄する糞が土壌中に堆積することや動物たちが動き回ることによって、土壌の性質が変化していく。

生物遺体の分解や土壌構造の改良に重要な役割を担う土壌動物が、環境指標生物として利用されている理由として、種数と個体数が多い、環境の変化に敏感に反応する、他動的移動分散能力が大きいことなどが挙げられ、土壌動物と環境の間に密接な関係があることが示唆されている（青木１９９５）。

ここでは体長が２㎜以上の肉眼で見つけることができる大型土壌動物を対象にしている。陸貝、ミミズ、クモ、ダンゴムシ、ワラジムシ、ヤスデ、ムカデなど馴染みのある動物である。

1　調査の方法

(1) 準備するもの

折り尺２本、小型スコップ（移植ゴテ）、ゴミ袋５枚、白いビニールシート（２m×２mの大きさ）、園芸用ふるい（網目が3～5㎜くらい）、ピンセット、吸虫管、アルコール入りビン5本、シャーレ、ルーペ、実体顕微鏡。

(2) 野外作業*

① 立木の根元や倒木の付近を避け、できるだけ平らなところで、落葉が均質に堆積している場所を選定する。
② 折り尺やひもを使って1辺が50㎝か25㎝の方形枠を設ける。
③ 方形枠内の落葉、落枝、落果、腐植土を手と小型スコップで素早くかき集め、土嚢袋やゴミ袋に投入する。
④ 続いて腐植土の下の土壌を小型スコップで掘り取りながら地下5㎝くらいまでの土壌を同じ袋に入れる。
⑤ 地下10㎝くらいまで土壌を掘り起しながら、見つけた動物を小型スコップで拾い取り、袋に入れる。
⑥ 2ｍほど離れたところに2つ目の方形枠を設定し、③～⑤の作業を繰り返し、2つ目の試料を得る。
⑦ 合計3つの方形枠を設け、3袋の試料を得る。なお、25㎝枠の方形枠を使用した場合は5つの方形枠を用意し5試料を得る。
⑧ 明るく平らな場所に白いビニールシートを拡げ、動物を採取する準備をする。
⑨ 袋から落葉や土壌を少しずつ取り出し、園芸用の篩に入れる。
⑩ これをビニールシートの上でふるう。動物を見つけやすくするため、できるだけ広く、薄くなる

ようにふるうのがコツである。

⑪落葉の破片や土壌の中から動物をピンセットや吸虫管で採取する。

⑫75％アルコール液の入ったビンの中に動物を入れる。

⑬篩に残った落葉をシートの上に拡げ、篩を通らなかった大きい動物を探す。

⑭シートの上に残った落葉や土壌を捨てる。

⑮袋に入っている試料が空になるまで、以上の作業を何回も繰り返す。

⑯アルコール液入りのビンに番号を書いた紙片を入れる。

⑰2つ目、続いて3つ目の試料に取り掛かる。

*【留意事項】

- 土壌動物を土壌から自動的に抽出するツルグレン装置を使用する場合は⑧以降の作業は不要となる。ツルグレン装置については138頁参照。
- オオムカデは噛まれるととても痛いので、ピンセットでつかまえるように心がける。
- 思っているより小さい動物が多いので、土壌から動物を採取するにはかなりの労力を必要とする。2〜3人で作業すると楽である。それでも1枠分を処理するのに30分くらいを要する。
- 袋に採取した試料は必ずしも現場で処理する必要はないが、採取した翌日までには処理したい。

(3) 室内作業（ツルグレン装置を使って自動的に動物を抽出する）

(a) ツルグレン装置をつくる

ツルグレン装置は市販されているが、自分でも作ることができる（**図7・1、写真7・1**）。

写真7.1　土壌動物を土壌中から自動的に抽出するツルグレン装置

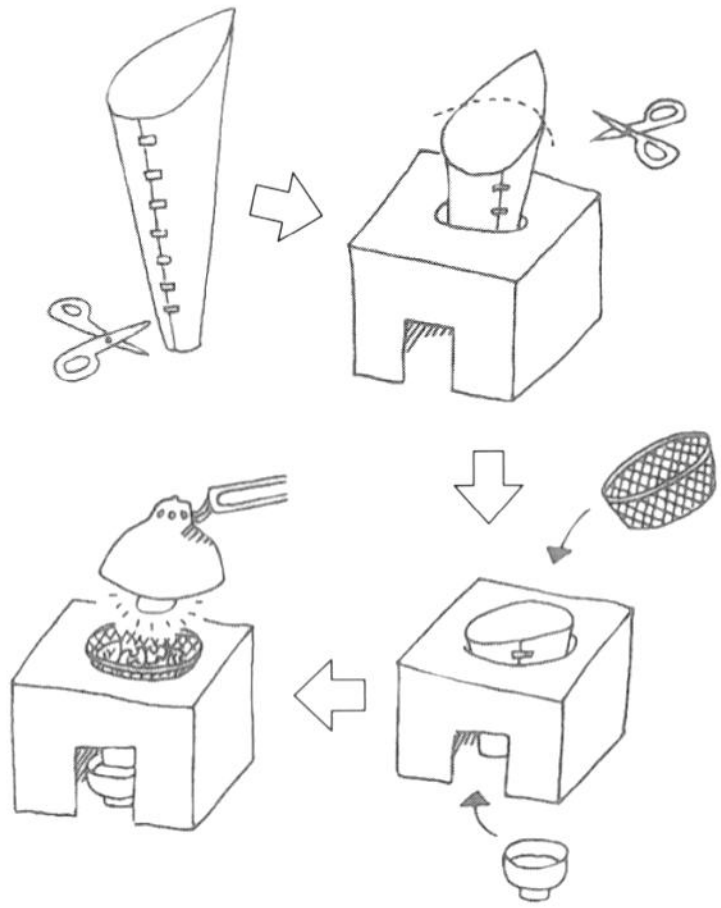

図7.1　土壌動物抽出装置(ツルグレン装置)のつくり方

(b)用意するもの

ダンボール箱(40cm×30cm×高さ25cmくらい)、大型のカレンダー用紙(つるつるしたアート紙がよい)、セロハンテープ、はさみ、カッターナイフ、鉛筆、直径25cmくらいのザル、Zライト、薬の空きビン、75%のアルコール

(c)つくり方

①ダンボール箱の側面を上にし、ザルをのせ、その輪郭を鉛筆で描く。

②輪郭の線の少し内側を、カッターナイフで丸く切り取る。

③カレンダーの紙をメガホン状に丸め、セロハンテープでとめる。上は箱の穴より大きく、下は1cmくらいの穴があくようにする。これが漏斗となる。

④ザルを漏斗の上にのせて、ザルの縁より3cmくらいから上の漏斗の不要な部分を切り取る。

⑤アルコールを入れたビンを漏斗の下の穴の位置に置く。
⑥ザルの中に落葉や土壌を入れる。
⑦40Wくらいのライトをあてる。
⑧ビンの中に動物を自動的に集めることができる。

(d) 動物を調べる準備

①ビンを振ってアルコール液とともに動物をシャーレに流し出す。
②実体顕微鏡を使って動物の名前を調べるが、対象となる32群の動物（図7・2）だけなので、それ以外の動物については名前調べをする必要がない。
③各動物の個体数も数えなくてよい。
④このレベルの区分ならわずかなトレーニングで同定（名前調べ）も容易である。

(4) 名前（何の仲間か）を調べる

類似した動物の区別点は以下のとおりである（図7・2参照）。1のザトウムシ、11のカニムシ、26のダニ、27のクモは脚が4対（8本）あり、蛛形類と呼ばれている。カニムシはカニのような立派なハサを持っていること、ダニは小形で、腹に節がないことが特徴である。体の前体部と後体部にくびれがあるのがクモ、なければザトウムシである。これで脚が4対ある分類群の動物を識別することができる。

2のオオムカデ、4のヤスデ、5のジムカデ、7のコムカデ、15のイシムカデなどは多足類といっ

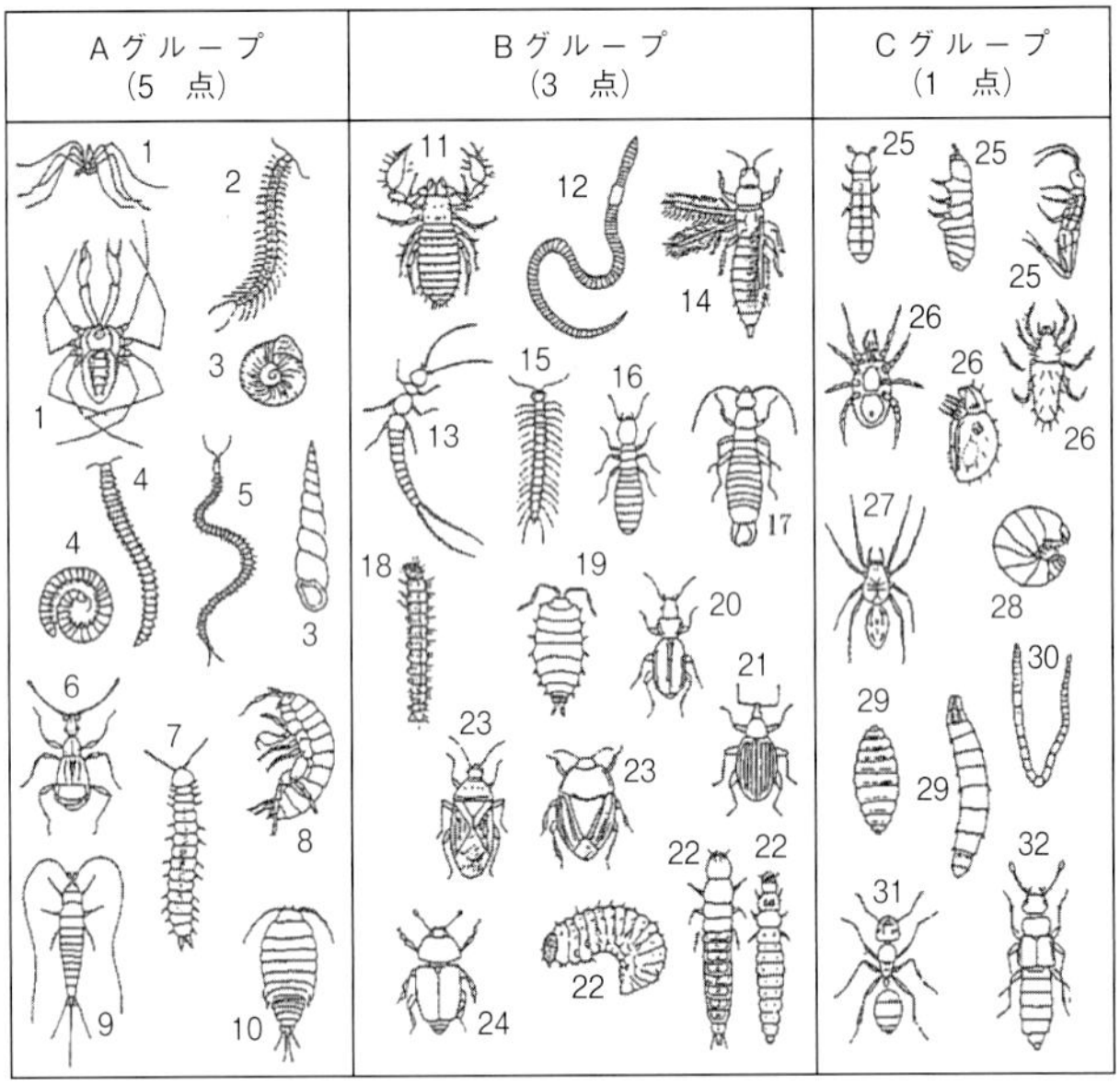

区分	番号	動物名	体長
A	1	ザトウムシ	(3～5㎜)
A	2	オオムカデ	(4～13㎝)
A	3	陸貝	(2㎜～3㎝)
A	4	ヤスデ	(1～5㎝)
A	5	ジムカデ	(3～5㎝)
A	6	アリヅカムシ	(1～3㎜)
A	7	コムカデ	(4～7㎜)
A	8	ヨコエビ	(3～10㎜)
A	9	イシノミ	(1～1.5㎝)
A	10	ヒメフナムシ	(4～7㎜)
B	11	カニムシ	(2～4㎜)
B	12	ミミズ	(3～40㎝)
B	13	ナガコムシ	(3～4㎜)
B	14	アザミウマ	(1.5～3㎜)
B	15	イシムカデ	(1.5～2.5㎝)
B	16	シロアリ	(3～8㎜)
B	17	ハサミムシ	(1～3㎝)
B	18	ガ（幼虫）	(5～30㎜)
B	19	ワラジムシ	(3～12㎜)
B	20	ゴミムシ	(0.5～2㎝)
B	21	ゾウムシ	(4～8㎜)
B	22	甲虫（幼虫）	(3㎜～3㎝)
B	23	カメムシ	(2～6㎜)
B	24	甲虫	(1.5～20㎜)
C	25	トビムシ	(1～3㎜)
C	26	ダニ	(0.3～3㎜)
C	27	クモ	(2～10㎜)
C	28	ダンゴムシ	(5～13㎜)
C	29	ハエ・アブ	(2㎜～2㎝)
C	30	ヒメミミズ	(5～15㎜)
C	31	アリ	(2～10㎜)
C	32	ハネカクシ	(3～10㎜)

各動物名のあとの（　）内はおよその体長を示す。

図7.2　自然の豊かさ評価に用いる32群の動物と、それらのA、B、Cの3グループへの区分（青木 1989）

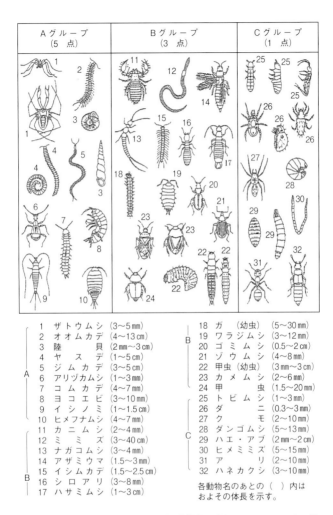

て、脚が沢山あるグループである。まずはヤスデとムカデの違いだが、体の真ん中あたりの節に注目する。節の両側に脚が２本ずつ出ているのがヤスデで、ムカデは１本ずつである。コムカデは小さく、白色、尾端に木の芽状の突起がある。残りは脚の数で区分できる。イシムカデは15対以下、オオムカデは21対か23対、ジムカデは31対以上である。ジムカデは脚が短いのも特徴である。

10のヒメフナムシ、19のワラジムシ、28のダンゴムシの脚は７対で、等脚類と呼ばれるグループである。ヒメフナムシは体に光沢があり、尾端の１対の突起は細く先が針状になっている。ワラジムシは木の葉状である。ダンゴムシは突起がなく、体は丸くなる。

12のミミズと30のヒメミミズであるが、体に少しでもピンク色がついていればミミズである。ヒメミミズは白色で小さい。

イモ虫状の幼虫は18のガ（チョウ）、22の甲虫、29のハエ・アブの３つである。頭があり、腹に腹肢という脚の名残の出っ張りが４対あればガ、なければ甲虫である。甲虫は脚がないのもある。ハエ・アブは頭がないのが特徴であるが、ユスリカは唯一例外で頭がある。

６のアリヅカムシ、９のイシノミ、13のナガコムシ、14のアザミウマ、16のシロアリ、17のハサミムシ、20のゴミムシ、21のゾウムシ、23のカメムシ、24のその他の甲虫、25のトビムシ、31のアリ、32のハネカクシは脚が３対の昆虫の仲間である。昆虫は一言では表現できないので、図鑑で調べる必要がある（**図７・２**参照）。しかし、土壌中から出現する種類は限られているので、トレーニングすればそれほどやっかいなことではない。

昆虫のおおまかな区分をあげると、翅は堅くて短く、腹が露出していて、体が太く短いのがアリヅカムシ、体は細長く尾端に鋏のあるハサミムシ、鋏がないのがハネカクシである。翅は腹全体をおおい、口吻が長く突出しているゾウムシ、突出していないのはゴミムシやその他の甲虫である。アザミウマは羽毛状の翅があるか、翅はなく尾端に1本の筒状の突起をもつ。翅は柔らかい膜質で、左右の翅が重なっているのがカメムシである。

アリの触角は「くの字状」に曲がっているが、シロアリは多節で数珠状である。

これらの昆虫に陸貝とヨコエビを加えると、32分類群の動物となる。

2　土壌動物による評価法

(1) 暖温帯域

土壌動物は自然林のような自然性の高い環境下で多様な動物相からなる群集を形成している。ところがその環境が人為的影響によって劣化すると、環境の変化に敏感な動物から順次姿を消してゆき、動物相は次第に単純化していく。土壌動物のこのような性質を利用して、現在その場所の土壌環境が自然環境からどれくらい隔たっているかを評価しようとするものが土壌動物による自然の豊かさ評価である(青木1989)。

具体的には、土壌中に生息する動物のうち32群を対象にして、これらを人為圧に対する抵抗性の強弱によってA、B、Cの3グループに分類する(**図7・2**参照)。Aグループの土壌動物は人為圧による環境の劣化に最も敏感なグループ、Cグループの動物は最も鈍感なグループ、Bグループはその中間の動物である。そして、Aグループの動物には各5点、Bグループには各3点、Cグループには各1点の点数を与え、出現した動物の合計点によって、そこの土壌環境を評価しようとするものである。評価点は以下のように計算する。

5点×（Aグループの動物群の数）＋3点×（Bグループの動物群の数）＋1点×（Cグループの動物群の数）

32群の動物がすべて出現すると100点になるように工夫されている（青木 1989）。なお、本評価法は関東地方以西の暖温帯域を対象としたものである。

表7・1に調査結果の一例を示してある。これは横浜市保土ヶ谷区横浜国立大学構内の環境保全林で、タブノキ、クスノキ、シラカシ、アラカシなどの照葉樹からなる人工林である。25cmの方形枠5個から得られた結果である。個体数も算定されているが、表では存否だけが記録されている。青木（1989）の豊かさ評価による点数では73点となっている。

(2) 冷温帯域

本州中部内陸部から東北、北海道地方の冷温帯域では以下の評価法を用いるのが望ましい。カニムシ、ヒメフナムシ、ヤスデ、ジムカデ、イシムカデ、コムカデ、ナガコムシ、チョウ（幼虫）、アリヅカムシ、ゾウムシの10分類群の動物を指標動物とする（大久保・原田 2006）。

これら10分類群の動物に各10点の持ち点を与え、出現率（頻度）に応じてこの10点を細分する。例えば、1地点あたりの土壌試料が5枠分の場合には、5枠すべてからその指標動物が出現していれば、

表7.1　土壌動物による自然の豊かさ評価例

調 査 地：横浜市保土ヶ谷区横浜国立大学
調査年月：2008年7月　　　　調 査 者：原田　洋・久津佑介
環　　境：照葉樹環境保全林

	方形枠番号	1	2	3	4	5	方形枠番号	1	2	3	4	5
A・5点	アリヅカムシ	○					ジムカデ	○	○	○	○	○
	イシノミ						ヒメフナムシ					
	オオムカデ	○		○	○		ヤスデ	○	○	○	○	○
	コムカデ	○	○	○	○	○	ヨコエビ		○	○		
	ザトウムシ						陸　貝	○	○	○	○	○
B・3点	アザミウマ	○	○	○	○	○	ゴミムシ					
	イシムカデ	○	○	○	○	○	シロアリ					
	ガ・チョウ(幼虫)			○	○	○	ゾウムシ	○	○	○	○	○
	カニムシ						ナガコムシ	○	○	○	○	○
	カメムシ	○	○		○	○	ハサミムシ					
	コウチュウ	○	○	○		○	ミミズ	○	○	○	○	○
	コウチュウ(幼虫)	○	○	○	○	○	ワラジムシ	○	○	○	○	○
C・1点	アリ	○	○	○	○	○	トビムシ	○	○	○	○	○
	クモ	○	○	○	○	○	ハエ・アブ(幼虫)	○	○	○	○	○
	ダニ	○	○	○	○	○	ハネカクシ	○	○			
	ダンゴムシ	○	○	○	○	○	ヒメミミズ	○	○	○	○	○
評価	5点×7群＋3点×10群＋1点×8群＝73							73点				

出現率は100%となり、10点が配分されることになる。以下4枠なら8点、3枠なら6点、2枠なら4点、1枠なら2点という具合になる。

出現率（頻度）に応じて配分された点数を加算し、10分類群の動物の合計値をその調査地点の評価点とする。10分類群の動物がすべての調査枠から出現すると、評価点は最高の100点となる。

この手法では25cmの方形枠5個のほうが出現率を算出しやすい。また、小さい動物が指標となっているので、肉眼採集よりツルグレン装置を使用するほうが効率がよい。

この手法を前出の横浜国立大学（**表７・１**）の結果に適用してみると、68点と若干低い評価点ではあるが、適切に機能していることがうかがえる。これが暖温帯域でも機能するとなると、評価法も１本化でき便利となるが、まだ実例が少ないので当分は暖温帯域と冷温帯域の２本立てとなる。なお、まだ検討されてはいないが、奄美や沖縄地方の亜熱帯域での評価法も別に必要となろう。

３　調査結果の実例

(1) 調査場所

東京湾埋立地にある川崎市の火力発電所構内に造成された環境保全林である。１９８４年に１ｍ前後のタブノキ、スダジイ、ホルトノキ、ヤマモモなどのポット苗を植栽したところで、現在はこれらの樹種により樹冠が占められている。

２つ目は静岡県熱海市にある財団法人新技術開発財団（調査当時）植物研究園内に造成された環境保全林で、１９９５年にスダジイ、タブノキ、カシ類の照葉樹のポット苗を植栽したところである。

３つ目は東京都八王子市と昭島市の境界付近に位置する国道16号線の法面に造成された環境保全林である。拝島地区は１９８７年に、滝山地区は１９９０年にシラカシ、アラカシ、ツクバネガシ、タブノキなどの照葉樹のポット苗を植栽したところである。

(2) 川崎の環境保全林

土壌動物による自然の豊かさ評価は、川崎の環境保全林では46点、51点、56点であった（**表７・２**）。

先行研究の42～60点（唐沢・原田２０００）、56～62点（長尾２００１）と類似した値である。先行研究からそれぞれ３年と１年が経過しているが、土壌動物による自然の豊かさ評価に大きな変化はない。近辺に土壌動物の供給源が存在しない環境保全林においては10年～10数年程で土壌動物による自然性の豊かさ評価点は50～60点程度まで回復し、その後はほぼ頭打ちとなり、自然性の回復には時間がかかるものと予想される。ここは埋立地であることから土壌動物の供給源となる自然環境が近くに存在していない。そのため自然性の回復には長い時間が必要となろう。

⑶ 熱海の環境保全林

熱海環境保全林の３地点では、熱海１の87点、熱海２の71点、熱海３の94点であった（表７・２）。生育期間が10年未満の林分としては極めて高い値を示していることになる。関東地方南部地域の１０４地点での土壌動物による自然の豊かさ評価（原田・青木１９９６）と比較しても自然林並みの高い値であるといえる。

高い値を示していたのは、調査地の周辺にはイロハモミジ林をはじめとする土壌動物の供給源となる環境が存在しているからであるといえる。

熱海２と熱海３の調査地は同じ林分内に設けられた地点であるが、マウンド（土塁）上部と下部の間には23点もの点数の開きがあった。幅２ｍ、高さ70㎝のマウンド（土塁）に過ぎないが、その上部と下部では堆積有機物量が異なっている。ちなみに落葉量（乾重量）は０・25㎡あたり、マウンド上部が１１８ｇ、マウンド下部が１９０ｇとなっている。マウンドの上部と下部では72ｇもの落葉量の差が

表7.2　土壌動物の出現状況

調査地		川崎1	川崎2	川崎3	熱海1	熱海2	熱海3
陸貝	A	○	○	○	○	○	○
ヒメミミズ	C	○	○	○	○	○	○
ミミズ	B	○	○	○	○	○	○
カニムシ	B				○	○	○
ザトウムシ	A				○		○
クモ	C	○	○	○	○	○	○
ダニ	C	○	○	○	○	○	○
ヒメフナムシ	A						○
ワラジムシ	B	○	○	○	○	○	○
ヤスデ	A	○	○	○	○	○	○
ジムカデ	A	○	○	○	○	○	○
オオムカデ	A			○	○	○	○
イシムカデ	B	○	○	○	○	○	○
コムカデ	A		○	○	○	○	○
トビムシ	C	○	○	○	○	○	○
ナガコムシ	B				○	○	○
イシノミ	A						○
シロアリ	B				○		○
アザミウマ	B	○	○	○	○	○	○
カメムシ	B				○		
チョウの幼虫	B	○	○	○	○	○	○
ハエの幼虫	C	○	○	○	○	○	○
甲虫の幼虫	B	○	○	○	○	○	○
ゴミムシ	B	○	○	○	○	○	○
ハネカクシ	C				○	○	○
アリヅカムシ	A				○		○
ゾウムシ	B				○	○	○
その他の甲虫	B	○	○	○	○	○	○
アリ	C	○	○	○	○	○	○
自然の豊かさの評価点		46	51	56	87	71	94

注）動物名の後のABCは自然の豊かさ評価の基準

生じている。また、平坦部の熱海1は中間の150gとなっている。落葉量の差が動物群組成に影響し、評価点の違いが生じたのであろう。

⑷ 八王子の環境保全林（写真7・2）

近くに土壌動物を送り込む供給源が存在していない拝島地区と、供給源が存在する滝山地区のそれぞれ9年間、7年間にわたる自然の豊かさ評価の変遷について**図7・3**に示してある。拝島地区ではポット苗植栽3年目までは、評価点は30点台、その後7年目までは40点台、9年経過すると50点台となり、川崎の環境保全林とほぼ同程度の評価となっている。

写真7.2　国道16号線滝山地区の法面の植栽後3年を経過した環境保全林（東京都八王子市）

奥に見える落葉広葉樹林が土壌動物を送り込む供給源となっている。

一方、植栽場所に隣接して供給源となる落葉広葉樹林が存在している滝山地区では、植栽3年目に50点台、7年目に70点台となり、熱海の環境保全林と同じように早いスピードで回復していることがうかがえる。土壌動物による評価では、供給源の存在が大きく影響していることがわかる。

⑸ その他のいくつかの環境保全林

図7・4に福島県広野、新潟県柏崎、千葉県袖ケ浦の環境保全林とその近辺の自然林の土壌動物による自然の豊かさ評価の結果を示している。50点前後の評価点となってい

る。３地域の環境保全林はいずれもタブノキ、スダジイ、アラカシ、シラカシ、マテバシイなどの常緑広葉樹を主体とするが、柏崎は落葉広葉樹も混生している。

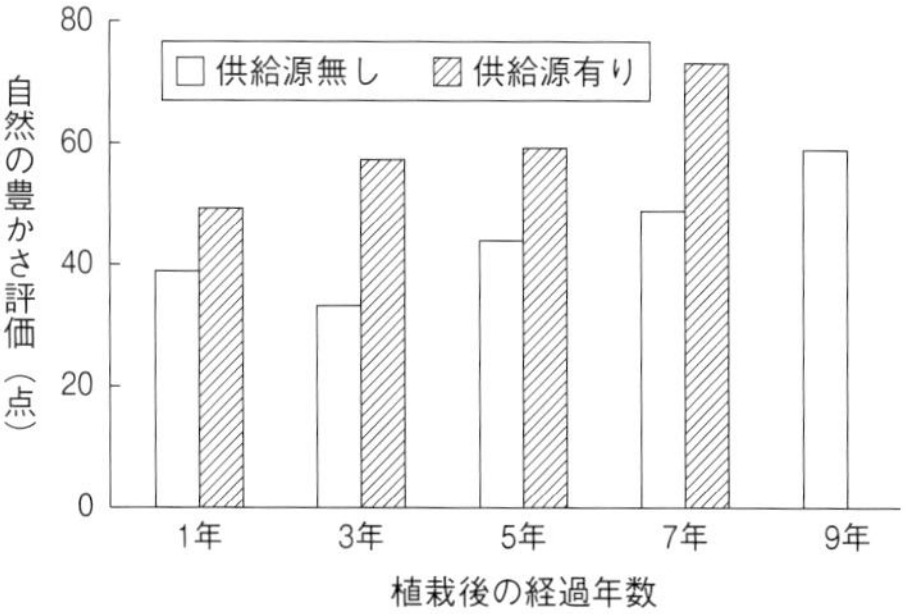

図7.3　八王子市国道16号線のり面の環境保全林における植栽後の経過年数と自然の豊かさ評価

ただし、9年目のデータは一部欠落している。

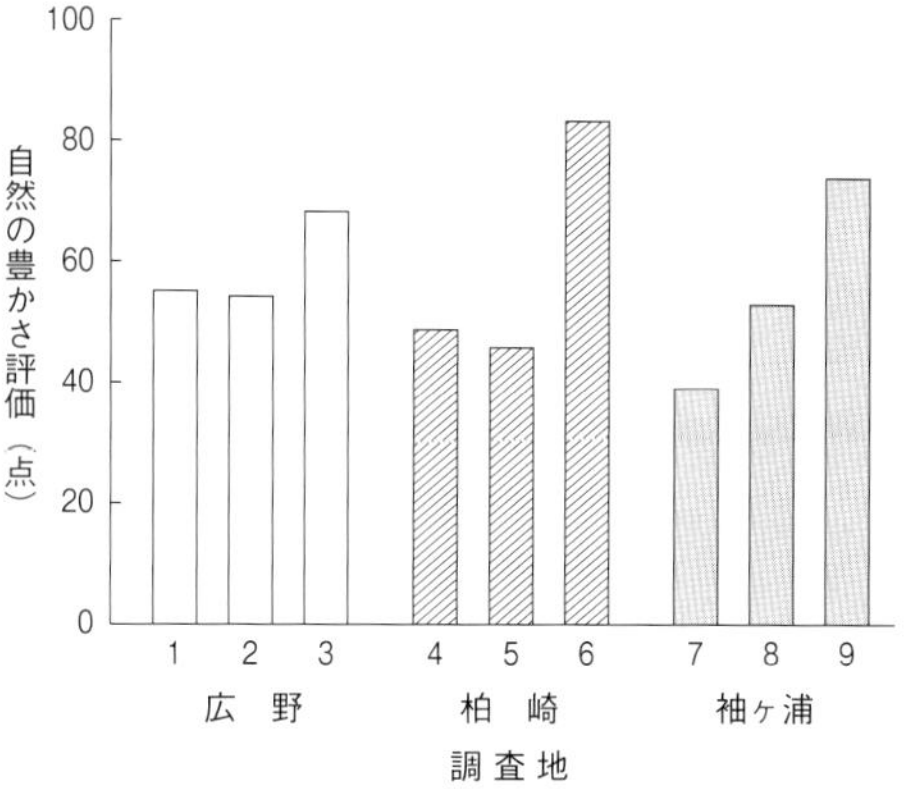

図7.4　いくつかの環境保全林における土壌動物による自然の豊かさ評価

1：広野火力発電所環境保全林１
2：広野火力発電所環境保全林２
3：広野町内タブノキ林
4：柏崎原子力発電所環境保全林１
5：柏崎原子力発電所環境保全林２
6：御島石部神社スダジイ林
7：袖ヶ浦火力発電所環境保全林１
8：袖ヶ浦火力発電所環境保全林２
9：坂戸神社スダジイ林

4　結果を評価し考察するときの注意

土壌動物による自然の豊かさ評価は、概ね植生自然度に対応し、極相林では高い評価点を示し、遷移初期の段階や人為的影響が大きく及んでいるところでは評価点は低くなっている。また、遷移の途中相に出現する植生ではそれらの中間値を示すので、この評価点によって気候的極相林や潜在自然植生が顕在化している鎮守の森からの隔たり具合を評価・診断することが可能となる。しかし、そのためには同一の遷移系列上にあるもの同士で比較しなければならない。湿潤地であったり、風衝作用が強く高木林が成立しないような土地的な極相となるなど系列が異なるところとは比較できない。

5　参考書

論文の入手がむずかしい読者のため、参考になるものを挙げておく。

①青木淳一（2005）「だれでもできるやさしい土壌動物のしらべかた」（合同出版）
②青木淳一（2010）「新版土壌動物学」（北隆館）
③青木淳一・渡辺弘之（編著）（1995）「土の中の生き物」（築地書館）
④原田　洋・栗城源一・大久保慎二・先﨑　優（2017）「土の中の生きものからみた横浜の自然」（海青社）
⑤原田　洋・芳村　工（2015）「土壌動物」（東海大学出版部）
⑥皆越ようせい（2005）「土の中の小さな生き物ハンドブック」（文一総合出版）
⑦日本土壌動物学会（編）（2007）「土壌動物学への招待」（東海大学出版会）
⑧田村浩志（1981）「土壌動物の観察と調査」（ニュー・サイエンス社）
⑨渡辺弘之（1978）「土壌動物の世界」（東海大学出版会）
⑩渡辺弘之（2011）「土の中の奇妙な生きもの」（築地書館）

あとがき

北海道から沖縄までの国内1000か所以上とブラジル、マレーシア、中国、ケニアなどの外国で環境保全林と呼ばれるその土地本来の植生である潜在自然植生の顕在化を目指した樹林の造成が行なわれている。産業立地、道路や鉄道沿い、ニュータウン、公共施設、商業施設などさまざまな場所で、ポット苗による植樹のイベントが実施されているので、これらに参加された方もおられるだろう。また、森づくりを実践し、指導してこられた宮脇昭先生の数多く出版されている書物を読まれた方もおられるだろう。

汗をかき、土にまみれて苗木を植えることは楽しいことである。植樹の次は、自分達の植えた苗木の生長を見守り、植栽後の経過年数とともに自然への回復の様子を知ることである。産みっぱなしではなく、育てることも考える必要がある。その際に参考になるのが本著である。

著者5人がこれまでにたずさわってきた研究の中で得意な分野を執筆している。その結果、序章、第2、第4、第7章を原田、第1章を鈴木、第3章を目黒、第5章を林、第6章を吉野がそれぞれ担当している。

今、こうして完成した原稿を読み直してみると、環境目標となる鎮守の森への回復の度合いを意識し、環境を守る森を測る・調べるという当初の目的は、何とか達成できたのではないかと自負している。

環境保全林も古いものは植栽してから40年以上の歳月が経過している。これらの樹林は防火・防塵・防音などの遮断効果をはじめとする環境保全機能を、十分に発揮していると評価できる。次に期待するのは森としての威厳性や神秘性を備えることや、種の多様性を高めることである。

植樹の際に知り合った仲間と協働すれば、各項目の測定作業は決して難しいものではない。一人でも多くの方に、本書を利用しながら実践していただければ幸いである。

著者の5名全員が環境保全林研究においてご指導いただいている宮脇昭横浜国立大学名誉教授に御礼申し上げたい。横浜市在住の藤間凞子博士には植生調査資料の借用、図表の作成ではIGES国際生態学センターの矢ケ崎朋樹博士、フリー工業の北村知洋氏には樹冠投影図の原図、防火機能の実験では総務省消防庁消防大学校消防研究センターの篠原雅彦博士と松島早苗氏、調査結果の引用を承諾いただいた三五コーポレーション㈱の後藤幸雄氏、論文を引用させていただいた青木淳一横浜国立大学名誉教授、ツルグレン装置とオオムカデの写真を借用した横浜金沢動物園の先﨑 優氏をはじめ多くの方々にお世話になった。厚くお礼申し上げたい。

本書の出版の機会を与えてくださり、いろいろお世話いただいた海青社の宮内久氏、福井将人氏、田村由記子氏にお礼申し上げたい。

引用文献

青木淳一(1989)都市化・工業化の動植物影響調査マニュアル(千葉県)

青木淳一(1995)自然環境への影響評価──結果と調査法マニュアル(千葉県環境部環境調整課)

阿部圭悟・原田　洋(2008)生態環境研究15

阿部聖哉・目黒伸一・原田　洋(2001)春夏秋冬(26)

飯島康弘・河野　勝・斉藤庸平(2000)防災公園技術ハンドブック

石田真奈美・斉藤庸平(2001)日本造園学会関西支部大会研究発表要旨集

一ノ瀬友博(2003)平成14年度日本造園学会賞受賞者業績要旨

井上　桂・中元六雄(1951)日本林学会誌33

井上一之(1925)震災豫防調査會報告，第百号戊

岩河信文(1984)建築研究報告(105)

岩崎哲也(2005)ランドスケープ研究68

上田善之助・堤　利夫(1977)京都大学演習林報告(49)

大久保慎二・原田　洋(2006)生態環境研究13

奥富　清・松崎嘉明・池田英彦(2013)鎮座百年記念第二次明治神宮境内総合調査報告書，明治神宮社務所

オボリ　メリケノール・目黒伸一・原田　洋(2009)生態環境研究16

加藤和弘(2005)都市のみどりと鳥(朝倉書店)

唐沢重考・原田　洋(2000)生態環境研究7

河田　杰・柳田由蔵(1924)土木学会誌10

河野昭一(1977)宮脇　昭(編著)：日本の植生(学研)

河原輝彦(1985)林業試験場研究報告(334)

環境省(2013)ヒートアイランド対策ガイドライン平成24年度版

木村英夫・加藤和男(1949)造園雑誌11

木村紀之・原田　洋(2003)生態環境研究10

桐田博光（１９７１）日本生態学会誌21
栗田あとり・原田　洋（２０１１）生態環境研究18
国際生態学センター（編）（２００１）よこすかの植生（横須賀市）
小滝愛子・原田　洋（１９９６）土と緑の会会報（15）
小滝愛子・原田　洋（１９９７）春夏秋冬（17）
斉藤秀樹（１９８１）京都府立大学演習林報告（25）
境野光寿・原田　洋・裵　泰雄（２００２）生態環境研究９
佐藤敬二（１９４４）山林（７４４）
佐藤　保・竹下慶子・上中作次郎（１９９３）日本林学会論文集（１０４）
佐藤　保・小南陽亮・新山　馨（１９９５）日本林学会九州支部研究論文集（48）
森林総合研究所（２０１１）広葉樹の種苗の移動に関する遺伝的ガイドライン
生物の多様性分野の環境影響評価技術検討会（２００２）環境アセスメント技術ガイド生態系
高世　仁・吉田和史・熊谷　航（２０１２）神社は警告する（講談社）
只木良也（１９９５）名古屋大学演習林報告（14）
只木良也・蜂谷湜造（１９５８）わかりやすい林業解説シリーズNo.29
只木良也・香川照雄（１９６８）日本林学会誌50
田中八百八（１９２３）山林彙報　臨時増刊
チュクセン（Tüxen, R.）（１９５６）*Pflanzensoziology*, 13.　井手久登（訳）（１９７４）応用植物社会学研究（３）
堤　利夫（１９６０）生理生態９
津村義彦・陶山佳久（編著）（２０１５）地図でわかる樹木の種苗移動ガイドライン（文一総合出版）
手塚英男・奥田重俊（１９６５）千葉大学臨海研究報告（４）
寺田美奈子（１９８０）動物と自然10（２）
藤間凞子・石井　茂・藤原一絵（１９９４）横浜国立大学環境科学研究センター紀要20
藤間凞子・岩田芳美（２００７）川崎市自然環境調査報告VI
長尾忠泰（２００１）平成13年度神奈川県教育センター研修員研究発表会資料
長尾忠泰・原田　洋（１９９５）生態環境研究２
長尾忠泰・原田　洋（１９９６）日本林学会論文集（１０７）
長尾忠泰・原田　洋・目黒伸一（２００３）森林立地45

中村彰宏（1999）ランドスケープ研究62
中村貞一（1948）造園雑誌12
中西弘樹（1994）種子（たね）は広がる（平凡社）
日本造園学会阪神大震災調査特別委員会（1995）ランドスケープ研究58
日本鳥学会（2012）日本鳥類目録．改定第7版．日本鳥学会
農林省林業試験場（1971）林業試験場研究報告（239）
服部　保・南山典子・黒田明寿茂（2012）人と自然（23）
林　寿則（2009）生態環境研究16
林　寿則・篠原雅彦・松島早苗・藤原一絵（2012）日本緑化工学会誌38
原田　洋（2017a）JISEニューズレター（76）
原田　洋（2017b）JISEニューズレター（77）
原田　洋・青木淳一（1996）横浜国立大学環境科学研究センター紀要22
原田　洋・石川孝之（2014）環境保全林（東海大学出版部）
原田　洋・村上雄秀（1992）横浜国立大学環境科学研究センター紀要18
原田　洋・矢ケ崎朋樹（2016）環境を守る森をつくる（海青社）
平林恒雄（1944）山林（734）
蛭田真生・古麗蘇木　艾買提・原田　洋（2005）生態環境研究12
福嶋　司・門屋　健（1989）森林立地31
藤原咲平（1923）科學知識，震災号
前川純一・岡本圭弘（2003）誰にもわかる音環境の話　騒音防止ガイドブック改訂2版（共立出版）
前川文夫（1949）植物研究雑誌24
松木吏弓・阿部聖哉・島野光司・竹内　亨・梨本　真（2008）日本生態学会誌58
丸田頼一（1974）造園雑誌37
宮脇　昭（編）（1977）日本の植生（学研）
宮脇　昭（2005）いのちを守るドングリの森（集英社）
宮脇　昭（2006）木を植えよ！（新潮社）
宮脇　昭・藤原一絵・鈴木照治・原田　洋（1971）藤沢市の植生（藤沢市）
宮脇　昭・藤原一絵・箕輪隆一・村上雄秀（1981）富津周辺の植生（横浜植生学会）

宮脇　昭・原田　洋・藤原一絵・井上香世子・大野啓一・鈴木邦雄・佐々木寧・篠田朗彦（１９７３）鎌倉市の植生（鎌倉市）
宮脇　昭・大場達之（１９６６）日本生態学会第13回大会講演要旨集
宮脇　昭・奥田重俊・井上加世子（１９８０）明治神宮境内総合調査報告書（６９２～３３３頁）
宮脇　昭・奥田重俊・藤原一絵・大山弘子・山田政幸（１９７７）佐倉市の植生（佐倉市）
宮脇　昭・奥田重俊・藤原陸夫（２００５）改訂新版 日本植生便覧
宮脇　昭・奥田重俊・鈴木邦雄（１９７５）東京湾臨海部の植生（運輸経済研究センター）
宮脇　昭・鈴木邦雄（１９７４）千葉市の植生（千葉市）
宮脇　昭・藤間凞子・藤原一絵・井上香世子・古谷マサ子・佐々木寧・原田　洋・大野啓一・鈴木邦雄（１９７２）横浜市の植生（横浜市）
宮脇　昭・藤間凞子・奥田重俊・藤原一絵・木村雅史・箕輪隆一・鶴牧久仁子・山崎　惇・村上雄秀（１９８１）川崎市の植生（横浜植生学会）
目黒伸一（２０００）生態環境研究7
目黒伸一（２００３）春夏秋冬(29)
森重祐子・原田　洋（１９９７）春夏秋冬(18)
諸戸北郎（１９２５）震災豫防調査會報告　第百号　戊
谷田貝光克（１９９８）林業技術ハンドブック（社）全国林業改良普及協会
横浜地方気象台ホームページ　http://www.jma-net.go.jp/yokohama/
渡辺弘之（１９７８）*Edaphologia*(18)
Meguro, S. 2002. *Eco-habitat* 9.
Meguro, S. & Miyawaki, A. 1997. *Tropical Ecology* 38.
Meguro, S. & Miyawaki, A. 2001. *Hikobia* 13.
Meguro, S. & Miyawaki, A. 2011. *Eco-habitat* 18.
Miyawaki, A. 1993. *Restration of Tropical Forest Ecosystems.* (Lieth, H. & M. Lohmann, eds.) Kluwer Academic Publishers.
Miyawaki, A. 1999. *Plant Biotechnology* 16(1).
Miyawaki, A & Meguro, S. 2000. *Proceedings IAVS Symposium.*
Ogawa, H., Yoda, K., Ogino, K. & Kira, T. 1965. *Nat. Life S.E. Asia* 4.

た　行

な　行

は　行

ま　行

ら　行

索　　引

あ　行

か　行

さ　行

●著者紹介

原田　洋（はらだ ひろし）

略歴：1946年三島市生まれ。横浜国立大学卒業。学術博士（北海道大学）。横浜国立大学助手、助教授、教授。現在、横浜国立大学名誉教授。（公財）地球環境戦略研究機関国際生態学センター シニアフェロー。一般社団法人Silva理事。

主な著書：「日本現代生物誌　マツとシイ」（共著、岩波書店）、「植生景観史入門」（共著、東海大学出版会）、「環境保全林」（共著、東海大学出版部）、「土壌動物」（共著、東海大学出版部）、「環境を守る森をつくる」（共著、海青社）、「土の中の生きものからみた横浜の自然」（共著、海青社）など。

鈴木伸一（すずき しんいち）

略歴：1958年沼田市生まれ。明治大学卒業。横浜国立大学環境科学研究センター研究生。博士（学術）（横浜国立大学）。群馬県立高等学校生物教諭、地球環境戦略研究機関国際生態学センター主任研究員を経て、現在、東京農業大学地域環境科学部教授。

主な著書と活動：「日本植生誌第3～10巻」（共著、至文堂）、「環境緑地学入門」（編著、コロナ社）、「植生景観とその管理」（共著、東京農業大学出版会）など。夏緑広葉樹林や尾瀬を研究テーマとする傍ら、植物社会学的調査方法の普及活動や環境保全林の植栽指導などを行っている。

林　寿則（はやし ひさのり）

略歴：1967年川崎市生まれ。日本大学卒業。民間建設会社。横浜国立大学環境情報学府博士課程後期修了。博士（環境学）。（公財）地球環境戦略研究機関国際生態学センター主任研究員。

主な論文と活動：「都市災害時の樹木の防火機能について」（生態環境研究）、「火炎近傍の樹木による背後での受熱量の低減効果に関する実験研究」（日本緑化工学会誌）など。森林の機能に関する研究とともに植樹リーダーの養成やケニア、カンボジアにおける熱帯林再生に取り組んでいる。

目黒伸一（めぐろ しんいち）

略歴：1964年横浜市生まれ。横浜国立大学卒業。工学博士（横浜国立大学）。（公財）地球環境戦略研究機関国際生態学センター主任研究員。横浜国立大学非常勤講師。

主な著書と活動：「食物連鎖の大研究」（PHP研究所）、「地球診断」（共著、講談社）、「環境保全林形成のための理論と実践」（共著、国際生態学センター）など。東南アジア、アマゾン、アフリカなどの熱帯林植生の研究とそれに基づく環境保全林形成活動および生長動態に関する研究を行っている。

吉野知明（よしの ともあき）

略歴：1976年姫路市生まれ。静岡大学卒業。横浜国立大学環境情報学府博士課程後期修了。博士（学術）。エスペックミック株式会社 主任研究員。

主な論文と活動：「河川刈取り除草におけるアレチウリ抑制対策――愛知県逢妻女川での事例――」（日本緑化工学会誌）「幼苗植栽技術で創出した樹林における自然間引き――長野県上田市日置電機緑地の植栽後27年目の事例――（自然環境復元研究）など。植樹事業や自然再生事業、郷土樹種育成事業に従事する傍ら、樹林の形成過程や鳥類との相互関係についての研究に取り組む。

A Guide for analyzing the Environmental Protection Forests

環境を守る森をしらべる《かんきょうをまもるもりをしらべる》

発行日——2018年7月20日　初版第1刷
定　価——カバーに表示してあります
著　者——原田　洋
鈴木伸一
林　寿則
目黒伸一
吉野知明
発行者——宮内　久

海青社
Kaiseisha Press
〒520-0112　大津市日吉台2丁目16-4
Tel. (077) 577-2677　Fax (077) 577-2688
http://www.kaiseisha-press.ne.jp
郵便振替　01090-1-17991

 ● ISBN978-4-86099-338-2　C3061　● Printed in Japan
● 乱丁落丁はお取り替えいたします